KB060878

수
면
의 과
학

SUIMIN NO KAGAKU · KAITEISHINPAN
NAZE NEMURUNOKA NAZE MEZAMERUNOKA
© Takeshi Sakurai 2017
All rights reserved.
Original Japanese edition published by KODANSHA LTD.
Korean publishing rights arranged with KODANSHA LTD.
through EntersKorea Co., Ltd.

이 책의 한국어판 저작권은 ㈜엔터스코리아를 통해 저작권사와 독점
계약한 을유문화사에 있습니다. 저작권법에 의하여 한국 내에서 보호를
받는 저작물이므로 무단전재와 무단복제를 금합니다.

수면의 과학

장재순 옮김

사쿠라이 다케시 지음

❖ 을유문화사

장재순

경희의료원 한방신경정신과 전문의 과정 및 경희대학교 한의과대학원 한방
신경정신과 수면학 박사 과정을 수료했다. 대한한의학회 회원이며 대한한
방신경정신과학회, 대한스트레스학회 평생회원이다. 일본 기타사토대학 동
양의학종합연구소와 치바대학교병원 화한진료과 연수을 거쳤다. 현재 수면
장애, 우울증, 치매, 공황장애 등 신경정신과질환을 치료하는 더쉼한의원
(https://www.theshym.com) 대표원장이다.

오늘도 잠 못 이루는 당신을 위한
수면의 과학

발행일
2018년 11월 15일 초판 1쇄
2020년 3월 5일 초판 2쇄

지은이 | 사쿠라이 다케시
옮긴이 | 장재순
펴낸이 | 정무영
펴낸곳 | (주)을유문화사

창립일 | 1945년 12월 1일
주소 | 서울시 마포구 월드컵로16길 52-7
전화 | 02-733-8153
팩스 | 02-732-9154
홈페이지 | www.eulyoo.co.kr

ISBN 978-89-324-7392-5 03400

* 값은 뒤표지에 표시되어 있습니다.
* 옮긴이와의 협의하에 인지를 붙이지 않습니다.

시작하는 글

수면은 고등척추동물의 보편적인 생명 활동이다. 그런데 어찌 보면 이는 매우 신기한 현상이다. 야생의 긴박한 환경을 떠올려 보자. 수면을 취하는 동안 동물은 외부의 적에 완전히 무방비한 상태가 되고 활동도 할 수 없다. 만약 진화의 과정에서 수면이 필요 없는 동물이 태어났더라면, 생존 경쟁에서 살아남는 데 압도적으로 유리했을 것이다. 그런 일이 가능했다면 수면이 필요 없는 생물이 지구를 지배하고 있지 않을까? 그러나 현실은 그렇지 않다. 물속과 같은 특수한 환경에서 지내는 돌고래나 장시간 날아다니는 철새조차 잠의 굴레에서 벗어날 수 없다. 물속에서 헤엄치면서, 혹은 비행 중에 잠을 자는 것은 목숨이 달린 일이다. 특수한 환경에서 잠을 자는 동물들은 환경에 맞게 수면 방법을 진화시켰지만, 잠을 자는 것 자체를 없애지는 못했다. 그 결과 그야말로 목숨을 걸고 잠을 잔다.

이 같은 이유만으로도 수면은 진화 과정에서 도저히 생략할 수 없는 매우 중요한 기능인 것을 알 수 있다. '게으름 피우며 잠만 잔다'라는 말이 있지만 수면은 결코 쓸데없는 것이 아니라 동물이 생존하기 위한 필수 기능이며, 특히 '뇌'가 고도의 정보 처리 기능을 유지하기 위해 반드시 필요한 것이다.

한편으로 잠과 꿈은 신비롭다. 특히 옛날부터 종교, 예술, 문학의 소재가 된 꿈은 심리학 이론에도 끊임없이 영향을 끼쳐 왔다. 그럼에도 불구하고 현대인은 잠에 관하여 너무 무관심한 듯하다. 수면을 단순한 '휴식'의 시간이라고 멋대로 치부하고 있지는 않은가? 수면은 분명 휴식 시간이기도 하지만, 이는 수면이 가지고 있는 기능의 극히 일부일 뿐이다.

필자 역시 수면 연구를 시작하기 전까지는 잠에 대해서 상당히 소홀히 생각하고 있었다. 할 일은 많고 인생은 짧으니 잠을 줄여서라도 다른 일을 하는 것이 의미가 있다고 생각했다. 하지만 수면 연구를 시작한 뒤부터는 이토록 불가사의한 잠이라는 현상에 연구 대상 이상으로 매료되었고, 수면을 소중히 여기게 됐다.

수면은 외부로부터 자극이 사라지는 수동적인 상태라고 생각하기 쉽다. 그러나 실제로 수면은 뇌가 능동적으로 활동하는 상태이며, 특히 항상성 유지에 필수적인 기능을 수행하는 것으로 밝혀지고 있다. 이 책에서는 수면이 우리의 신체 및 뇌 기능과 어떻게 관련되어 있으며 어떠한 역할을 수행하는지, 그리고 수면이 어떠한 메커니즘으로 발생하는지 설명하겠다. 더불어 수면과 각성이 무엇인지 살펴보자.

'수면의 과학'은 아직 미완의 학문이며 아직 밝혀내야 할 문제도 많다. "왜 잠을 자야 하는가?"라는 질문에 대해서조차 분명한 답을 찾지 못하고 있다. 하지만 최근 수면과 각성을 제어하는 뇌 안의 메커니즘이 점차 밝혀지고 있다. 이러한 지식은 우리가 인생을 살아가는 데 커다란 도움이 될 것이다.

수면은 동물의 생존과 생활에 깊게 관련되는 생리 현상이다. 그럼에도 불구하고 분자 생물학이 융성했던 20세기에도 수면에 대한 이해는 큰 발전이 없었다. 그러다 20세기 말에 오렉신이라는 물질이 발견된 것을 계기로 수면과학이 급속도로 발전했다. 나는 '오렉신'을 동정하는 실험(화학적 조성이나 형태·번호 등을 기술하는 것)에 참여하고 이 물질의 생리기능을 이해하고자 연구를 진행하였다. 그리고 이 뇌 안의 물질이 동물의 각성을 제어하는 데 보다 정교한 메커니즘으로 작용한다는 것을 알아냈다. 그것은 종래의 수면이라는 개념뿐만 아니라 동물의 행동과 의식, 감정 등을 포괄하고 적절한 각성 상태를 유지하기 위한 시스템이었다.

인간은 일생의 3분의 1을 잠을 자며 보낸다. 일생을 약 75년으로 계산한다면 무려 25년간의 시간을 수면에 할애하는 것이다. 이는 식사에 소비하는 시간과 비교해도 훨씬 많다. 그러나 최근 인간의 생활 패턴이 다양해지고 정보화가 가속화되면서 수면에 할당되는 시간이 부족해지고 불규칙해지면서 수면의 질에도 많은 문제가 발생하고 있다. 이러한 이유로 이 시대를 살고 있는 현대인들이 좀 더 수면에 대하여 관심을 기울였으면 하는 바람이다.

이 책은 전문적인 수면학 전공서적이 아니다. 수면과 각성의 메커니즘을 어렵지 않게 설명하여 독자들이 이를 쉽게 이해하는 것이 목적이다. 그러나 내용 이해를 위해서는 간단한 신경과학적 지식이 필요하므로, 그것들을 이해하기 쉽게 '알아보기'나 각 장의 곳곳에서 관련 내용을 구체적으로 설명하였다. 거기에 더하여 최근 급속하게 발전된 수면과 각성의 과학 이론을 설명하기로 한다.

다만 이 책은 최신 지견을 모은 종설논문review article이 아니기 때문에, 최신 지견에 관해서는 정설로 받아들여지는 확실한 것만 다루었다. 현시점에서 확실하다고 생각되는 지견을 바탕으로 최첨단 수면과학에 대해 논하려고 한다.

누구나 당연스레 영위하는 잠자는 시간이지만, 수면의 본질을 이해하고 나면 좀 더 소중하게 여겨질 것이다. 요즘에는 다양한 이유로 잠을 소홀히 여기는 경향이 있는데, 잠을 제대로 이해하면 시간을 오히려 효율적으로 쓸 수 있을 것이다. 이 책을 통해 독자들이 수면에 대해 친밀감을 가지고 더 나은 인생을 누릴 수 있다면 더없이 좋겠다. 덧붙여 이 책을 출판하기까지 도움을 주신, 고단샤 출판부의 야마기시 히로시 씨, 카잔 쿄코 씨에게 깊은 감사의 뜻을 표한다.

개정신판의 서문

이 책의 초판이 출판된 2010년 11월로부터 7년 가까운 세월이 지나 수면 연구에도 몇 가지 진전이 있었다. 본 개정판에서는 최신 지견 중에서 이 책에서 다룰 만한 것을 골라 알기 쉽게 전달하고자 한다.

예를 들어 2012년 학술지에 기재된 수면 시 뇌의 노폐물을 처리하는 '글림프 시스템glymphatic system'에 대한 내용을 추가하고 초판이 출판된 2~3년 후에 상용화될 것으로 예상되었던 '오렉신 수용체 길항제'가 2014년 11월에 상용화되었기에 그것도 함께 거론했다.

그 외에도 수년에 걸쳐 얻어진 연구 결과와 지견을 바탕으로 고쳐야 할 내용을 개정하고 최신 수면과학 내용으로 가다듬었다.

일러두기
—
본문에서 옮긴이의 설명은
동그라미(●)로 표시하였습니다.

Contents

1장

왜 잠을 자는 것일까?

아직까지도 풀리지 않는 수면의 수수께끼,
그리고 기억을 강화시키는 수면의 놀라운 효과

2장
최신 기술로 탐구하는 수면의 정체

영상 기술로 알아낸
'렘수면과 논렘수면의 차이점'

3장

수면과 각성을 전환시키는 뇌 구조

신경전달물질과 뉴런이 만들어 내는
교묘한 두 가지 시스템

4장

수면장애 연구의 대발견

각성을 일으키는 물질, '오렉신'의 중요한 역할

5장

오렉신이 밝힌 각성의 의미

인간과 동물은
왜 반드시 깨어나야 하는가?

6장

인간은 어디까지 잠을 조절할 수 있을까?

불면증 치료제, 그리고
'잠들지 않고 살 수 있는 약'의 가능성

8장

왜 잠을 자는 것일까?

다양한 가설을 세우다

알아보기

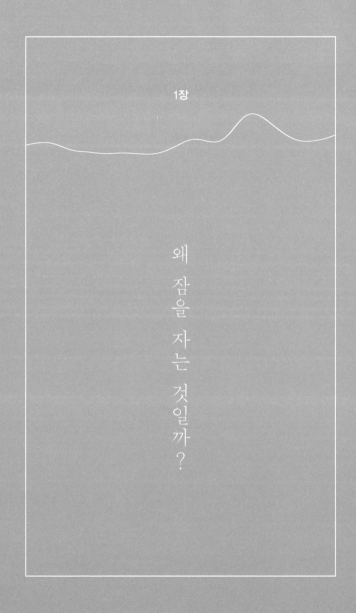

1장

왜 잠을 자는 것일까?

아직까지도 풀리지 않는 수면의 수수께끼,
그리고 기억을 강화시키는 수면의 놀라운 효과

"상쾌한 잠이야말로 자연이 인간에게 가져다주는
다정하고 반가운 자양분이다."

윌리엄 셰익스피어 William Shakespeare

우리는 왜 잠을 자는 것일까? 뇌 안의 어떤 물질과 수면 메커니즘이 잠을 오게 하거나 각성을 촉진하면서 수면을 지배하는 것일까? 이토록 단순한 물음에도 현재의 뇌 과학이나 신경과학은 아직 결정적인 해답을 내놓지 못하고 있다. 과학과 문명이 발달한 현 시대에서도, 혹은 그런 현 시대이기 때문에 많은 사람이 불면증에 시달리고 있다.

일반적으로 잠을 수동적인 휴식 시간이라고 생각한다. 대개 우리는 뇌가 의식을 만들어 내고, 수면 중에는 의식이 사라진다고 알고 있다. 그렇다면 수면 중에는 뇌가 기능을 멈추는 것일까? 그런데 수면 중에도 '꿈'이라는 형태로 의식이 나타날 수 있다. 도대체 꿈의 역할은 무엇일까?

우리들은 도대체 왜 잠을 자는 것일까? 잠을 자지 않

고 활동을 계속하다 보면 점점 졸음이 오면서 심신의 기능이 저하된다. 그러나 수면을 취하면 저하되었던 작업 효율이 회복된다. 이러한 현상을 매일 실감하면서도 수면을 취하는 동안 뇌 속에서 생물학적, 신경과학적으로 어떤 변화가 일어나고 있는지는 여전히 많은 부분 알지 못하고 살아간다. 왜 반드시 잠을 자야만 하는가에 대한 과학적으로 증명된 답조차 아직 없다. 이는 수면이 고등동물에 필수 요소라는 측면을 감안하면 놀라운 일이다. 반면에 "왜 먹어야 하지?"라는 질문에는 많은 사람이 쉽게 답할 수 있을 것이다.

"왜 반드시 잠을 자야만 하는가?"라는 질문에 당신이라면 어떻게 답할 것인가? '쉬기 위해서'일까? 그렇다면 잠을 잘 필요 없이 느긋하게 누워서 휴식을 취하기만 하면 되는 것이 아닐까? 심지어 이처럼 단순하고 근원적인 의문에도 확실한 답은 어디에도 나와 있지 않다. '잠이 오니까'라는 것이 유일하게 명확한 답일 것이다. 그러나 이러한 답은 마치 선문답이나 다름없다.

이 책은 이와 같이 수수께끼에 싸인 수면을 대상으로 현재 알려져 있는 '수면과 각성의 시스템'에 대하여 이해하기 쉽게 설명하는 것을 목적으로 하고 있다. 일부 가설을 포함한 최신 정보를 한데 모아 수면에 대한 근원적인 의문의 답을 최대한 찾아가 보자.

수면에 관한 정교한 뇌의 메커니즘을 언급하기 전에, 1장에서는 수면에 의해 변화하는 심신의 기능을 서술하고 수면의 중요성에 대해 함께 알아보겠다.

잠을 자지 않으면 어떻게 될까?

우선 잠을 자지 않으면 어떻게 되느냐, 하는 주제를 다루어 보자. 일찍이 수면 연구자들은 수면의 기능을 알기 위해서는 수면을 제한(혹은 박탈)시키면 알 수 있을 거라고 생각했다. 수면을 제한했을 때 몸 상태에 변화가 생긴다면 그것으로 수면의 기능을 미루어 짐작할 수 있다는 생각이다. 이것이 나중에 설명할 '단면斷眠 실험'의 기본적인 발상이다.• 그러나 수면이 부족할 때 겪는 상태는 이미 우리들이 일상에서도 자주 경험하는 것이다.

우리가 잠을 의지로 제어한다고 해도 거기에는 한계가 있다. 하루 이틀은 안 자고 보낸다 해도 조만간 절대로

• 단식(斷食)이라는 말이 있듯이 단면(斷眠)이란, 수면을 제한하는 행위로 수면박탈과 유사한 개념이다.

그림 1-1 ◎ 사람도 동물도 수면 욕구를 이길 수 없다

이길 수 없는 졸음이 몰려와 곯아떨어지고 만다. 아무리 참고 잠을 자지 않더라도 언젠가는 반드시 잠든다. 수면 욕구는 음식 욕구와 마찬가지로 생존을 위해 반드시 충족되어야만 한다(그림 1-1).

많은 사람이 수면이 부족한 다음 날 평소와 컨디션이 다른 것을 경험해 봤을 것이다. 가장 두드러지게 나타나는 증상은 주의력이 현저하게 떨어지는 것이다. 하룻밤 밤샘을 하면 어지간히 술에 취했을 때와 비슷한 주의력 저하가 나타난다. 밤을 새며 운전을 하는 경우, 음주운전처럼 처벌 대상은 아니지만 음주운전을 하는 것과 비슷하게 위험하다. 1986년 미국 우주선 챌린저호의 사고**와 1989년 알래스카연안의 유조선 사고*** 등과 같이 수면 문제는 큰 비극을 낳기도 한다.

또한 수면부족은 판단력도 흐려지게 한다. 간혹 경찰

** 1986년 1월 28일에 일어난 챌린저 우주왕복선의 폭발 사고를 말한다. 챌린저호가 폭발한 것은 열 번째 임무인 STS-51-L 미션을 위해 발사된 직후였다. 이 사고로 탑승하고 있던 승무원 7명 전원이 사망하였다.

*** 엑슨발데즈 원유 유출 사고(Exxon Valdez oil spill)로 불리며, 유조선 엑슨발데즈가 좌초되면서 적하돼 있던 원유가 유출된 사고다. 이 사고는 지금까지 해상에서 발생한 인위적 환경 파괴 중 최악의 사건으로 간주되고 있다.

의 가혹한 심문 조사에 누명을 쓰는 사례는 용의자의 수면부족이 관여했을 여지가 있다. 모종의 종교적 의식에서 보듯 수면을 제한함으로써 자백시키는 일도 가능하다. 사람은 수면을 제한하면 판단력을 잃고 잠을 자기 위해서 어떤 짓이라도 할 것이다.

수면하는 동안 뇌에서는
무슨 일이 일어날까?

많은 사람이 '수면이 곧 휴식이다. 즉, 잠을 못 잔다 = 쉬지 못한 것이다 → 컨디션이 안 좋아진다'라고 생각한다. 이 말은 곧 수면을 어디까지나 수동적인 휴식 상태라고 인식한다는 뜻이다. 만약 이것이 사실이라면 눈을 감고 안정을 취하면 잠을 잔 것과 같은 효과를 얻는다는 것과 마찬가지다. 더 나아가 극단적인 예로, 불면증으로 밤중에 몇 번이나 잠에서 깬다거나 전혀 잠을 자지 않고 눈을 감고 누워만 있는다 해도 수면과 동등한 효과를 얻는다는 말이다. 그러나 실제로는 그렇지 않다. 얕은 잠을 자거나 수면 시간이 부족하면 잠을 푹 잔 것과 같은 효과를 기대할 수 없다. 나중에 다시 설명하겠지만, 수면 중에는 심신이 각성 상태와는 전혀 다른 생리적 상태에 있고, 그 자체가 심신의 건강을 유지하기 위해서 매우 중요한 상태이기 때문이다.

수면은 신체의 휴식뿐만 아니라, 뇌를 쉬게 하고 동시에 더욱 능동적으로 뇌를 유지 및 관리하고 정보를 정리하는 역할을 한다. 가령 뇌에서의 노폐물 처리는 혈류뿐만 아니라 뇌척수액이라는 세포간극을 채우는 액체의 흐름으로 진행되는데, 이 과정이 대부분 논렘수면 중에 이루어진다는 보고도 있다.

2012년 로체스터대학의 마이켄 네더가드^{Maiken Nedergaard} 연구팀은 신경교세포^{gliacyte, glia cell}가 혈액 주위의 뇌척수액을 순환시키는 수로(혈관주위공간: perivascular space)를 만들고 있으며, 이곳에서 뇌세포의 영양 공급과 노폐물 배출을 시행하는 글림프 시스템^{Glymphatic System}이 존재한다고 발표했다. 다른 조직에서는 노폐물 처리를 림프계가 하고 있지만, 림프계가 존재하지 않는 뇌 조직에서는 신경교세포가 이러한 역할을 대신한다는 의미다.

그리고 이듬해에는 이 시스템이 주로 논렘수면일 때 기능하는 것으로 나타났다. 다시 말해, 수면 중에서도 논렘수면 상태일 때 혈관주위공간이 커지고 이 '수로'를 정화시키는 뇌척수액이 흐르는 것으로 밝혀졌다.

실험용 마우스에게 수면을 박탈시킨 연구에서는 기억을 관장하는 해마에 알츠하이머병의 원인인 아밀로이드베타(β)라는 단백질이 축적된다고 보고되었다. 아밀로이드 베타(β) 단백질은 각성 시에 축적되고 수면 시에 세정되면서 줄어든다.

한편 인간을 대상으로 한 연구에서는 수면부족이 대사증후군Metabolic syndrome이나, 더 나아가서는 심혈관질환 및 대사이상의 위험 증가와 관계가 있다는 점도 지적된다. 콜롬비아대학 연구팀(2004년)은 32세에서 59세까지의 남녀를 대상으로 1만8천 명을 조사한 결과, 바람직한 수면 시간으로 알려진 평균 7시간을 수면하는 사람과 비교해 평균 수면 시간이 6시간인 사람은 비만이 될 확률이 23퍼센트 높았고, 수면 시간이 5시간인 사람은 50퍼센트, 수면 시간이 4시간 이하의 사람은 73퍼센트나 비만이 될 확률이 높다고 발표했다. 체중이나 식욕은 신체의 항상성을 제어하는 메커니즘의 영향을 받고 있는데, 수면은 이들의 기능을 관리하는 데 중요한 역할을 수행한다. 건강한 사람이라도 수면이 부족하면 혈당 관리에 어려움을 겪는다는 보고도 있다. 이처럼 수면은 건강을 유지하기 위해 필수적이다.

동물실험으로 밝혀진 수면의 필요성

그렇다면 수면이 부족한 정도가 아니라 전혀 잠을 자지 않는다면 어떻게 될까? 수면의 기능을 조사하기 위해 동물의 수면을 박탈시키는 단면 실험을 예전부터 시행해 왔다. 결론부터 말하자면, 동물은 완전히 잠을 자지 않는 상태가 계속되면 피로 상태에서 기인한 감염증이나 그에 따른 다발성 장기부전multiple organ failure; MOF으로 결국 죽음에 이른다.

1980년대 시카고대학 레슈자펜Allan Rechtschaffen 연구팀은 쥐에게 수면을 박탈함으로써 일어나는 변화를 관찰하였다. 수면을 박탈한 지 일주일 정도에서는 눈에 띄는 변화가 보이지 않았지만, 2주일이 되자 피부에서 털이 빠지고 궤양이 생겼다. 또한 운동성이 저하되고 체온조절 메커니즘이 변화되어 체온이 내려갔다. 쥐는 체온을 유지하기 위해 우리cage의 구석에 둥글게 몸을 움츠리고 지냈다. 게다가 먹는 양이 늘었는데도 체중이 감소했다. 이를 통해 수면을 취하지 못하면 체온과 체중의 항상성을 유지하는 시스템과 체온을 조절하는 메커니즘에 이상이 생기는 것으로 추측했다. 이들은 주로 뇌의 시상하부에서 담당하는 기능이다. 즉, 수면박탈은 시상하부의 항상성 유지 시스템에 부정적인 영향을 미친다.

아무리 가만히 휴식을 취한다고 해도 잠을 자지 않는다면 신체 기능은 결코 회복되지 않는다. 수면박탈 이후 3~4주 만에 쥐는 감염증 때문에 차례로 죽었다. 체내에 정착하고 있는 상주세균에 의한 감염증으로 패혈증(혈액 속에서 병원균이 증식을 일으켜 위험 상태를 초래하는 질병)이 발생하여 죽는 것이다. 이같이 본래는 병원성이 없거나 부족한 미생물에 의한 감염, 즉 기회감염은 면역계에 의한 방어 시스템이 손상되었을 때 발생한다. 요컨대, 수면박탈이 쥐의 면역 기능에 장애를 일으켰다고 생각된다. 이처럼 수면을 제한하는 것은 면역계 기능에 심각한 영향을 미친다.

이런 이야기를 들으면 회사 업무나 수험 준비로 수면이 부족한 사람들은 불안할지도 모르겠다. 그러나 지금까지 언급한 사례는 쥐에게 억지로 일주일 이상 수면박탈을 강행시켰을 때 비로소 나타난 것이므로 안심해도 좋다.

우리는 보통 잠을 못 자더라도 심각한 장애를 초래하기 전에 반드시 잠들어 버리기 때문에 수면부족으로 죽을 일은 없다. 다만 치명적 가족성 불면증fatal familial insomnia이라는 희귀한 질병은 뇌에 '프라이온'이라는 비정상적인 단백질이 모여 시상이라는 부분을 파괴하고, 그러다 심각한 불면증과 다른 신경증상도 초래하여 최종적으로 죽음에 이르게 한다. 또한 이토록 심하게 수면을 박탈시킨 쥐도 죽음에 이르기 전에 다시 수면을 취하게 되면 머지않아 완전히 회복된다. 이러한 점에서 수면은 필수적이지만 뇌와 신체는 어느 정도 수면부족을 견딜 수 있게 내성과 유연성을 가지고 있음을 알 수 있다. 따라서 약간의 수면부족은 어느 정도 견딜 수 있는 것이다.

가장 오랫동안
잠을 자지 않았던 사람의 이야기

지금까지는 동물을 대상으로 실험한 사례를 소개하였다. 그렇다면 과연 사람이 오랫동안 수면을 취하지 않으면 어떤 일이 일어날 것인가? 랜디 가드너Randy Gardner는 카페인 등의 각성제(흥분제)를 일절 사용하지 않고 11일 동안 줄곧 깨어 있었다. 1964년 당시 열일곱 살 고등학생이었던 랜디는 크리스마스 휴가 동안 '불면 기록 세우기'에 도전했다. 그 결과 이전에 톰 라운즈Tom Rounds가 세운 260시간의 기록을 깨고 264시간(11일간)이라는 최장 기간의 불면 기록을 수립했다. 랜디의 시도는 후반 며칠 동안 스탠퍼드대학의 저명한 수면연구자인 윌리엄 디멘트William C. Dement 박사의 상세한 관찰이 이루어졌기 때문에 더욱 가치가 있다. 그 뒤로 이 기록을 갱신했다고 주장하는 사람도 많이 나타났지만, 공식적으로 증명하기가 어려웠다. 따라서 저명한 연구자에 의해 상세하게 기록된 랜디의 불면 데이터는 현재에도 수면 연구에 중요한 기반이 되고 있다.

그는 1964년 12월 28일 오전 6시에 잠에서 깨어난 후 다음 해가 되도록 한숨도 자지 않고 11일간 깨어 있었다. 단면 후 2일째가 되자 그는 신경이 예민해지고 몸 상태가 좋지 않다고 호소하였으며 기억장애가 나타났다. 또한 집중력이 현저히 떨어지고 텔레비전을 보는 것도 어렵게 되었다. 4일째에는 망상이 나타나고 심한 피로감을 호소했다. 7일째에는 동작이 떨리고 언어장애로 간주되는 행동을 보였다. 그러나 이같은 장애는 수면전문가가 예상했던 것만큼 심각한 정도는 아니었다. 많은 전문가는 쥐 등을 이용했던 동물실험의 결과를 토대로 장시간의 단면은 정신이상을 초래하거나 혹은 위중한 신체 증상을 발생시킬 것이라고 경고했다. 11일간의 단면 후 랜디는 간신히 잠이 들었고, 15시간을 내리 잤다. 그 뒤 23시간 동안 깨어 있다가 다시 10시간 반을 잤다.

1주일 뒤에는 완전히 원래의 생활 리듬을 되찾고 후유증도 없었다. 잠을 자지 않아서 생긴 여러 가지 변화가 수면을 취함으로써 다시 완전히 회복된 것이다. 잠은 반드시 필요한 것이지만 어느 정도 융통성이 있고 유연하다는 걸 알 수 있다. 그러나 함부로 단면을 시도하는 것은 위험하다.

또 다른 예로 오랜 시간 잠을 자지 않은 유명한 인물을 소개한다. 미국의 라디오 DJ 피터 트립Peter Tripp은 1959년 9일간 잠을 자지 않고 라디오 방송을 했다. 소아마비 환자를 위한 후원금을 조성하기 위해 200시간 동안 한숨도 자지 않는 단면 마라톤에 도전했다. 3일째가 되면서 그는 환각과 망상을 겪었고 의미가 불분명한 말을 하였다. 방송 끝마무리에 가까워 오자 망상이나 환각이 더욱 심해졌다. 이것은 일종의 정신질환 같은 상태다. 이처럼 장기간의 단면은 정신기능에 이상을 초래한다.

랜디 가드너와 피터 트립의 경우는 특별히 오랜 시간 단면한 사례다. 이 정도까지는 아니더라도 극도의 수면부족에 빠지면 매우 짧은 수면, 즉 미세수면microsleep이 나타난다. 그저 몇 초간 혹은 더 짧은 한순간만 잠이 드는 현상이다. 여러분도 업무나 시험공부 등으로 밤을 샌 다음 날 잠깐씩 졸거나 순간적으로 잠들어 버린 경험이 있지 않은가. 그것이 미세수면이다. 11일 동안이나 단면을 했는데도 뇌에 장애가 남지 않았다는 것은 이러한 미세수면이 뇌의 기능을 간신히 유지시켰다는 추측도 가능하다.

논렘수면과 렘수면

우리가 '잠'이라는 것을 한마디로 말할 때는, 논렘NON-REM 수면과 렘수면REM, Rapid Eye Movement이라는 전혀 다른 상태를 포괄하여 일컫는다. 논렘수면을 깊은 잠, 렘수면을 얕은 잠이라고 말하는 사람도 있지만 이러한 표현은 다소 개략적인 표현이다. 왜냐하면 생리학적으로 볼 때, 뇌의 상태나 신체의 상태 측면에서도 논렘수면과 렘수면은 완전히 다른 것이기 때문이다. 각성과 논렘수면이 다른 것처럼 혹은 그 이상으로, 논렘수면과 렘수면은 다른 수면 과정이다. 이 두 가지 수면 상태에 관한 이야기는 앞으로 자주 언급될 것이며, 여기서는 논렘수면과 렘수면의 차이에 대해서 간단히 설명하겠다.

사람은 잠을 자면 가장 먼저 논렘수면에 들어간다(그림 1-2). 논렘수면 중에는 대뇌피질 뉴런(알아보기 1)의 활동이 저하되어 점차 동기화synchronization가 되며 발화firing 한다. 더 정확히 말하면 신경세포는 보통 발화를 멈추는 OFF 상태와 다발성 발화burst firing를 하는 ON 상태를 반

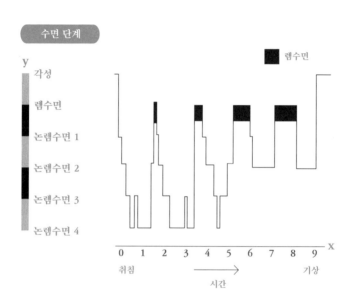

그림 1-2 ◎ 건강한 성인의 수면 그래프(수면 그래프는 x축은 시간, y축은
수면 단계를 말하고, 하룻밤의 변화를 나타낸다)

복하는데, 이 상태가 동시에 관찰된다.

그러나 잠이 깊어질수록 동기화 정도가 높아지고 마치 대뇌피질의 뉴런 집단이 스포츠 이벤트에서의 광고판처럼 동시에 발화하기를 반복하게 된다. 이 상태는 문자 그대로 뇌가 '잠자는 모드'에 들어간 것을 의미한다.

그러다 60~90분가량의 시간이 경과하면 어찌된 일인지 뇌는 다시 뇌 활동을 높였던 발화를 멈춘다. 대신 대뇌피질 뉴런은 각각 고유의 발화를 보이기 시작한다. 이것이 렘수면이다. 이때 뇌는 각성 때와 마찬가지의 상태 혹은 그 이상으로 활발한 활동을 한다. 그러나 삼각계와 운동계는 차단되고 있기 때문에 몸은 잠든 상태로 남아 있다. 감각 계통을 통해서 뇌에 전달되는 정보는 대뇌의 깊은 곳에 위치한 '시상'이라 불리는 정보의 중계 장소에서 처리된다. 그러나 렘수면 시에는 시상에서 정보 전달을 차단한다. 반대로 운동계를 통해 전신의 근육에 전달되는 정보는 척수 수준에서 차단된다. 즉, 렘수면 시에는 뇌를 향하는 입력 신호(감각)와 뇌로부터 나오는 출력 신호(운동)가 인터페이스 차원에서 차단되는 것이다. 비유하자면 '오프라인' 상태다.

입력 신호(감각)와 출력 신호(운동)가 차단되는 이유는 대뇌의 기능에 있는 것으로 추측된다. 렘수면 시 대뇌피질은 각성 때보다 오히려 강하게 활동한다. 이 상태에서는 뇌를 외부 세계와 차단하지 않으면 신체의 기능이 폭주하여 잠을 자면서도 움직일지 모른다. 실험적으로는 인간을 렘수면 중에 강제로 깨우면 대부분의 피험자가 '꿈꾸고 있었다'고 한다. 즉, 렘수면 시에는 뇌의 강한 활동을 반영하여 꿈을 꾸는 것이다.

이처럼 우리들이 잠든 사이에도 뇌는 전혀 다른 두 상태(논렘수면과 렘수면)를 규칙적으로 되풀이한다.

렘수면의 신비

도대체 어떤 이유로 뇌는 수면 중에 굳이 이러한 복잡한 절차를 거치면서까지 렘수면이라는 상태를 만들어 내고 활동을 증가시키는 것일까. 앞서 언급했던 단면 실험을 응용하여 렘수면을 선택적으로 제거하려는 실험이 다수 시도되었다. 그러나 실제로는 렘수면만 따로 제거하기가 어렵다. 보통 논렘수면이 먼저 나타난 후 렘수면이 이어서 나타난다. 렘수면만 제거하려면 수면다원검사 polysomnography; PSG 장치로 수면 단계를 관찰하면서 렘수면에 들어간 순간에 동물을 강제로 각성시키는 작업을 해야 한다. 그런데 이러한 과정을 반복하면 렘수면에 들어갈 때까지의 시간(렘수면 잠복기)이 점점 짧아지고, 잠든 직후에 바로 렘수면이 나타나게 된다. 따라서 이는 논렘수면도 제거하여 수면 자체를 제거한 것과 마찬가지가 되어 버리는 셈이다.

앞서 이야기했던 DJ 피터 트립은 단면한 후에 잠이 들었을 때 평소보다 훨씬 빨리 렘수면에 들어갔고, 그 상태가 장시간 계속되었다. 이것은 사람이 수면 전체뿐만 아니라 렘수면의 항상성을 유지하려는 시스템도 존재한다는 것을 시사한다. 다시 말해, 렘수면의 부족분(부채)을 다음번 수면에서 보충하려는 것이다. 이러한 점에서도 렘수면은 논렘수면과는 다른 기능이 있는 것으로 추정된다. 만약 렘수면이 '얕은 잠'이라면 단면 후에는 부족한 잠을 보상하기 위해서 '깊은 잠'이 나타나고, 렘수면은 억제될 것이다. 그러나 실제로는 그 반대의 상황이 나타난다.

렘수면에 관한 흥미로운 실험을 한 가지 더 소개한다. 이 실험은 1970년대에 스탠퍼드대학 학생들이 기획하고 수행하였다. 그들은 당시 '수면과 꿈'이란 수업에서 다음과 같은 연구를 실시했다. 앞서 서술한 바와 같이 인간의 렘수면은 수십 분마다 논렘수면 이후에 나타나고 렘수면이 끝나면 그다음의 논렘수면으로 넘어간다. 그리고 렘수면 시에는 뇌가 활발히 활동한다. 연구진은 렘수면의 의의에 대해서 다음과 같은 가설을 세웠다.

'렘수면은 앞뒤의 논렘수면을 연결하여 한 세트의 수면 주기를 구성한다.'

어떠한 이유인지 논렘수면을 계속 지속하는 것은 불가능하지만, 각성 상태와 비슷한 '뇌의 활동 상태'인 렘수면을 단축시킴으로써 조금 더 긴 잠을 잘 수 있지 않겠느냐고 생각했던 것이다. 다시 말해, 렘수면이 '종이를 이어 붙일 때 풀칠하기 위해 남겨 두는 부분'처럼 논렘수면을 연결함으로써 완전히 깨지 않고 오래 수면을 취할 수 있다는 주장이다.

이 가설에 따르면, 논렘수면 후에 각성을 하면 렘수면이 필요 없어진다는 것이다. 이 가설을 검증하기 위해 이들은 60분간은 깨어 있고, 30분간은 잠자는 것을 반복하는 실험을 고안했다. 렘수면이 논렘수면을 기준으로 90분 간격으로 반복하여 나타난 점을 기억하길 바란다. 그러므로 만일 렘수면이 그들의 생각처럼 논렘수면을 연결하는 역할이라면, 30분씩 자는 잠에는 렘수면이 필요하지 않기 때문에 나타나지 않을 것이라고 예상했다. 피험자인 18세의 여학생 조이 케리는 이 연구 기간 내내 대학 수면 실험실에서 수면다원검사 장치로 수면 상태를 측정한 다음,

30분긴 침대에 들어가고 이후의 60분은 깨어 있는 생활을 6일간 지속하였다. 이 연구는 어느 날 밤 오전 2시 10분부터 시작되었으며 그녀는 이 수면 스케줄에 매우 잘 적응하였다. 실험 중에 잠을 이루지 못한 것은 총 91회의 30분간 수면 중 단 한 번뿐이었다고 한다.

첫날에는 예상한 대로 렘수면이 전혀 나타나지 않았다. 그러나 얼마 지나지 않아 잠든 지 2~3분 후에 렘수면이 나타나기도 하고 때로는 잠든 직후에도 나타났다. 그녀는 매일 5시간 이상의 충분한 수면을 취하고 있는 것으로 보였지만 첫날에 부족했던 렘수면을 만회하기 위해 렘수면의 출현 시기가 수정된 것으로 보였다. 즉, 렘수면에는 독자적으로 항상성을 유지하는 메커니즘이 있어서 '논렘수면 간의 간격을 채운다'는 가설 이상의 어떤 중요한 생리적 기능을 갖고 있는 것으로 추측된다.

그렇다면 렘수면은 왜 필요한 것인가. 최근까지 렘수면 동안 꿈을 많이 꾼다는 점에서 렘수면이 기억의 정리와 관련되어 있다고 여겨졌으나, 기억을 고정 혹은 정리하는 데에는 논렘수면도 긴밀하게 관련되어 있는 것으로 보고되었다. 따라서 렘수면의 기능은 더욱 더 불가사의한 것이 되었다. 그러나 더욱 최근에는 렘수면의 제어 메커니즘이 상당 부분 밝혀져서 강제로 렘수면을 없애는 일도 가능해졌다. 머지않아 렘수면의 역할이 드러날 것으로 기대된다.

렘수면과 꿈에 관한 신비

"그 어떠한 원대한 꿈일 지어도 너 자신이 그 가능성을 믿는다면 그것은 네 손이 닿는 곳에 있다." 헤르만 헤세의 말이다. 큰 뜻을 품고 성공하리라 믿고 노력하라는 명언이다. 이처럼 '꿈'이라는 단어는 '희망'이나 '소원'의 의미로 사용되는 일이 많다. 소망이 꿈으로 발현된다는 생각이다. 그러나 실제로 우리가 꾸는 꿈은 '무섭거나' 혹은 '불안한' 내용이 많지는 않은가?

이른바 '꿈만 같다'고 하는 꿈은 렘수면 동안 꾸는 것이라고 한다. 다만 얕은 논렘수면 중에도 꿈을 꾸는 것으로 알려져 있다. 렘수면 시의 꿈은 기묘한 내용으로 감정을 동반하는 스토리가 많다. 반면에 논렘수면 시의 꿈은 대부분 단순한 내용이다. 렘수면 시에 꾸는 꿈은 신기하고 기상천외한 이야기로 구성된 것이 많고 물리적, 논리적으로 맞지 않는 이상한 일이 일어난다. 또한 누군가에게 쫓긴다거나 시험 등에서 실패하고 아끼던 물건이 부서지는 등 불안이나 걱정, 공포 등의 감정과 밀접한 내용들이

그림 1-3 ◎ 꿈을 과학적으로 분석하고자 했던 정신분석학자 프로이트

많아 보인다. 하버드대학의 앨런 홉슨Allan Hobson이 자신의 꿈을 기록한 일기를 발표하였는데, 꿈속 이야기가 강한 감정(두려움과 기쁨 등)으로 인해 비논리적으로 이야기가 전개된다는 것 이외에도 운동성이라는 특징을 주장했다. 즉, 꿈속에서는 자신이 어떤 운동을 하고 있는 내용이 많다는 것이다. 이는 렘수면 동안 뇌간brain stem에서 담당하는 운동에 관련된 부분이 활동하고 있는 까닭이다. 이는 이후에 설명할 운동학습, 즉 절차기억의 강화와 어느 정도 상관이 있을 것으로 추측된다.

기상천외한 이야기와 강한 감정(즐거움, 두려움, 불안함 등)을 동반하는 특징으로 인하여 꿈은 '미래를 예견하는 도구'나 '어떤 암시' 등 초자연적인 것으로 여겨지기도 한다.

프로이트의 꿈 이론에 영향을 받아 꿈을 '잠재적인 혹은 억압된 욕구가 나타난 것'으로 이해하고, 꿈에서 꾼 이야기를 분석하려는 사람도 있다. 그러나 신경과학자인 우리는 '꿈은 렘수면 중에 뇌가 활동하기 위해서 일어나는 일종의 환각'이며, 더 나아가 '렘수면 중에는 뇌기능의 유지·관리를 위해서 뇌가 활동할 필요가 있으며, 그때 생기는 잡음noise이 바로 꿈'인 것으로 파악하고 있다. 분명 불안한 감정이 다양한 형태로 꿈에 나타나기도 하지만 결코 미래를 암시하는 의미는 아닐 것이다. 꿈에 나오는 것은 우리들의 뇌가 과거에 획득한 기억의 단편이다. 신경과학자나 생리학자는 꿈의 내용보다는 '꿈이 왜 생기는가', '뇌 안의 메커니즘은 무엇인가'에 흥미를 가지고 있다. 불안으로 대표되는 감정이 도화선이 되어 갖가지 기억이 유도되어 연상되기도 하지만, 그 이야기 자체를 분석하는 것이 신경과학자에게는 큰 의미가 없다고 생각한다. 따라서 이 책에서도 주로 꿈을 발생시키는 메커니즘에 대해 다루고 꿈의 심리학적인 해석에 대해서는 언급하지 않도록 하겠다.

수면부족에서 비롯된 '챌린저호'의 비극

'잠을 자지 않고 산다면 얼마나 좋을까. 하루에 7시간 이상 되는 많은 시간을 자유롭게 쓸 수 있을 텐데.' 시험 막바지와 같이 다급할 때 누구나 이런 생각을 하게 된다. 확실히 잠에는 소극적이고 수동적인 인상이 따라다닌다. 야간에는 활동할 필요가 없기 때문에 지친 몸을 쉬게 하는 것이고, 그러니까 그동안 쓸데없는 시간을 보내고 있다는 해석이다. 강한 정신력으로 잠의 유혹을 떨칠 수 있다고 생각하는 사람도 있다. 나폴레옹은 수면 시간에 대해 '3시간은 근면, 4시간은 보통, 5시간은 게으른 것이다'라고 평했다.

수면이란 '불필요한 시간 낭비'라는 사상이 드러나는 표현이다. 발명왕 에디슨도 짧은 시간의 수면이 그에게 자랑이었던 것 같다. 심지어 그는 부하 직원에게 "수면이란 시간 낭비에 불과하다"라고 말했다. 반면에 물리학자 아인슈타인은 오랜 시간 잠을 자는 사람이었고, 하루 평균 10시간 동안 잠을 잤다고 한다. 그렇다고 이론 물리학 분야에서 수많은 금자탑을 세운 아인슈타인이 쓸데없는 시간을 보냈다고 생각하기는 힘들다. 독자들은 이미 알고 있겠지만, 수면은 심신에 필수적인 생리 기능을 한다.

1986년 1월 28일에 미국 우주선 '챌린저호Space Shuttle Challenger'는 발사된 지 불과 73초 만에 폭발하였다. 이 사고의 배경에는 수면부족으로 인한 실수가 있었다고 전해진다. NASA 직원과 같은 엘리트 집단이 우주선 발사라는 희대의 사건에 의욕적으로 집중했는데도 불구하고 수면부족에는 저항할 수 없었던 것이다. 세익스피어 역시 수면을 중요하게 여겨, 그의 작품 『맥베스』 중에는 "수면이야말로 인생의 향연에서 최고의 자양분이다Sleep, a chief nourisher in life's feast"라는 구절도 있다. 이는 매우 멋진 표현이다. 더불어 수면 중에 몸과 마음에 도움이 되는 무언가가 일어나고 있다는 사실을 멋지게 나타내고 있다. 실제로 잠보다 효과적인 '치유'는 이 세상에 존재하지 않는다.

게임 실력을 향상시킨 수면

지금까지 잠을 자지 않으면 어떻게 되는지를 살펴보았는데, 이제는 더 적극적으로 수면을 하면 얻어지는 효과에 대해 논의해 보자. 시험을 앞두고 공부할 때 '잠자고 나면 까먹을 테니까 자지 말아야지!' 하는 사람이 있다. 이것은 명백히 잘못된 생각이다. 오래전부터 수면은 기억을 강화시키는 것으로 알려져 있다. '깨어 있으면서' 시간을 보내는 것과 '한잠 자면서' 시간을 보내는 것은 기억을 유지하는 데 어떠한 영향을 미칠까?

1924년 젠킨스Jenkins와 대런 팩Dallen Bach은 중요한 연구를 보고하였다. 그것은 학습 측면에서 수면의 의의를 시사하는 최초의 연구 성과였다.

연구진은 건강한 사람을 대상으로 알파벳을 조합해 만든 열 자의 무의미한 단어를 오전 10시에 기억하도록 했다. 그 후 1~8시간 동안 깨어 있던 그룹과 취침한 그룹으로 나누어 기억할 수 있는 무의미한 단어를 다시 떠올리게 하는 시험을 치렀다. 그 결과, 수면을 취했던 그룹이 깨어 있던 그룹보다 단어 망각이 훨씬 적었다.

잠을 자는 것이 기억을 더 유지하게 한다는 이 실험 결과는 획기적인 것이었지만, 그 결과를 고찰하는 데는 큰 진전이 없었다. 연구진은 수면 중에는 각성 때보다 외부로부터의 자극이 적기 때문에, 기억에 간섭이 일어나지 않아서 망각을 줄일 수 있다고 해석한 것이다. 이러한 주장은 '간섭설干涉說'이라 부른다. 그러나 얼마 되지 않아 수면 중에는 기억이 유지될 뿐만 아니라 '강화된다'고 밝혀졌다. 수면이 기억을 강화시키고 기억의 고정화에 관련되어 있는 것이다. 이것은 간섭설에서는 설명되지 않는 부분이다.

사실 이를 최초로 언급한 사람은 퀸틸리아누스Marcus Fabius Quintilianus라는 고대 로마 제국의 사상가로 2000년보다도 더 이전에 다음과 같이 말했다. "잘 해내기 어려운 일도 다음날에는 좀 더 쉽게 할 수 있게 되었다. 언뜻 보기에 건망, 망각을 야기한다고 생각되는 잠이야말로 기억을 강화시키고 있는 것이다." 실로 놀라운 통찰력이다. 스포츠나 악기 등을 연습할 때 당일에는 잘되지 않던 것이 2~3일이 지나고 나자 갑자기 잘되는 경험을 해 봤을 것이다. 심지어 그동안 연습을 하지 않았는데도 말이다. 도대체 어찌된 일일까? 여기에는 수면이 깊이 관여하고 있다.

비록 수면 중일지라도 기억을 통해 여러 가지 경험을 할 수 있다. 예를 들면 다음과 같다. 피험자가 모니터 화면

위에 나타난 다각형을 터치펜으로 따라 덧그리면 피험자가 모니터 위에 그린 선의 궤도가 그려진다. 이러한 실험 장치를 사용하여 피험자에게 다각형을 한붓그리기로 따라하라는 과제를 주었다. 그런데 이 장치는 터치스크린에 입력조작을 해 놓아서, 실제의 다각형을 90도 회전한 도형을 위에 덧그려야 정확하게 같을 수 있도록 되어 있다.

그래서 처음에는 피험자가 정확히 덧그릴 수 없다가 횟수를 늘려서 가다 보면 익숙해져 정확히 덧그릴 수 있게 된다. TV 게임을 점점 잘할 수 있게 되는 것과 마찬가지로 정확하게 도형을 모방하는 데 걸리는 시간이 조금씩 단축될 것이다.

이러한 '회전도형 묘사 과제'를 연습시킨 뒤 일부 피험자 그룹은 수면을 취하도록 하고 다른 그룹은 깨어 있는 상태로 두었다. 수면 그룹이 깨어난 이후에 다시 같은 과제를 수행한 결과, 깨어 있던 그룹에서는 성적이 향상되지 못한 것과 대조적으로 수면 그룹에서는 묘화 시간이 확연히 단축되었다(그림 1-4).

여기서 주목할 점은 이 특별한 과제를 수행하는 기능 수준이 수면에 의해서 '유지'된 것이 아니라 뚜렷하게 '향상'되었다는 것이다. 이외에도 비슷한 연구가 다수 이루어졌다. 예를 들어 알파벳이 일정한 시간 간격을 두고 모니

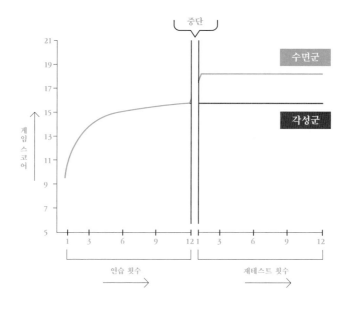

그림 1-4 ◎ 회전도형 묘사 과제를 반복할수록 수행력이 점점 향상된다. 놀랍게도 수면을 취한 그룹이 더욱 향상되었다.

터 중앙에 나오는 동안 간헐적으로 의미 없는 모양의 도형이 무작위로 제시된다. 어느 특정 도형이 나왔을 때에만 피험자가 스위치를 누르도록 한다. 이때 도형이 제시되고 누르기까지의 시간 및 정확성을 판단하는 연구를 비롯하여, 테트리스 등 비교적 간단한 TV 게임을 활용한 연구 및 타자 속도를 측정한 연구도 있다.

피험자는 과제를 진행하면서 점점 수행력이 향상되었다. 그리고 수면을 취하면 그동안 훈련하지 않았는데도 불구하고 분명한 향상을 보였다는 것이다. 이는 간섭설에서는 설명할 수 없다. 언급한 연구 결과는 간섭설의 가정과는 달리 수면에 의해 보다 적극적으로 운동 기능이 향상되었다고 나타났기 때문이다.

절차 기억과 관련한 수면 효과

기억에는 몇 가지 종류가 있다(표 1-1).

크게 '선언적 기억(이하, 서술 기억)'과 '비선언적 기억(이하, 비서술 기억)'으로 나뉜다.

'서술 기억'이란 말로 설명할 수 있는 기억이며, 측두엽 내측에 있는 해마라는 부분이 중요한 역할을 하는 것

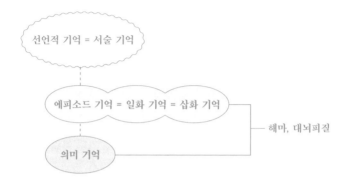

선언적 기억 = 서술 기억

에피소드 기억 = 일화 기억 = 삽화 기억

의미 기억

해마, 대뇌피질

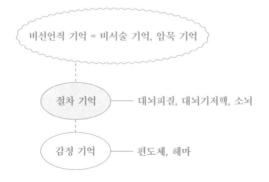

비선언적 기억 = 비서술 기억, 암묵 기억

절차 기억 ——— 대뇌피질, 대뇌기저핵, 소뇌

감정 기억 ——— 편도체, 해마

표 1-1 ◎ 기억의 종류

으로 알려져 있다. 서술 기억은 다시 '일화 기억(에피소드 기억: episodic memory)'과 '의미 기억semantic memory'으로 나뉜다. '일화 기억'은 일기를 쓰는 것처럼 장소, 시간 등의 정보를 수반하여 개인적인 경험에 관한 기억이다. 가령 '지난주 목요일에 신촌에서 친구 윤경이를 만났다' 등이 이에 해당한다. 일화 기억 속에서도 특히 장소에 관련된 기억은 '공간 기억'이라고 불리기도 한다. 예를 들어 우리는 주차장에 세운 자동차의 주차 장소를 기억할 수 있다. 이것이 공간 기억이다. 일화 기억과는 달리, '의미 기억'이란 특정 이야기에 얽매이지 않은 일반적이고 개념적인 지식에 관한 기억이다. 예를 들어 '신촌' 등의 장소나 친구 '윤경'이라는 이름은 의미 기억에 해당한다.

비서술 기억에는 절차 기억procedural memory과 정서 기억emotional memory이 있다. '절차 기억'이란 문장이나 단어로 표현할 수 없는 기교나 운동 능력 등에 관한 기억이다. 예를 들어 악기 연주, 스포츠, 텔레비전 게임 등을 반복 연습한 결과로 머리로 생각하지 않고도 능숙하게 수행할 수 있는 기억이 이에 해당한다. 비서술적 기억인 절차 기억은 연구에 빈번하게 사용된다. 서술 기억은 의식이 필요한 기억이므로 그때의 기분과 집중력에 좌우되며 또 개인차도 크기 때문에 평가가 어렵다. 특히 수면은 집중력에 영향을 주기 때문에 집중력이 결과를 크게 좌우하는 과제는 바람직하지 않다. 따라서 절차 기억을 이용한 연구가 일반적이다. 앞서 말한 '회전도형 묘사 과제'와 테트리스의 능숙도 역시 절차 기억에 관한 테스트다.

절차 기억에는 대뇌피질 외에도 대뇌기저핵basal ganglia이나 소뇌가 중요한 역할을 수행하고 있다. 수면이 절차 기억을 강화시키는 데 매우 중요한 역할을 한다는 것이 앞서 예로 들었던 실험에서 나타났다. 또한 수면에 의해서는 오래된 기억보다는 비교적 최근의 기억이 향상되는 것으로 알려졌다. 다만, 비서술 기억과 서술 기억은 기저 메커니즘에 큰 차이가 있기 때문에 기억과 수면과의 관계를 단언할 수는 없다. 그러나 언급했던 젠킨스와 대런 팩의 보고에서 볼 수 있듯이 서술 기억의 강화와 수면이 관계가 있다는 것은 거의 틀림없다. 또한 하버드대학교의 스틱골드Robert Stickgold 연구진은 수면에 의해서 지능 테스트의 성적이 높아지는 것을 보고하였다.

게다가 기억뿐만 아니라 지적 능력, 인지력도 향상되었다. 뤼베크대학의 보른Jan Born 연구팀의 최근 연구에서는 학습 중 특정 향기(예를 들어 장미향 등의 좋은 향기)를 맡고 나서, 논렘수면 중에 같은 냄새를 맡게 하면 학습 효율이 강화되었다고 보고하였다. 또한 그때의 해마 활동이 증가한다는 것도 알아냈다. 수면 중에 학습 때의 감각을 재현하면 '수면 중의 기억 강화'의 효율이 상승한다는 것이다.

이처럼 수면이 여러 가지 기억을 고정, 강화한다는 점은 분명하다. 우리가 깨어 있는 동안 체험하는 수많은 경험을 모두 숙달할 수는 없다. 그러나 그 경험으로부터 다양한 학습을 하며 그것을 수면 중에 강화하는 것이다.

렘수면과 논렘수면 역할의 차이

수면에는 렘수면과 논렘수면이 있다. 그렇다면 기억을 강화시키는 것은 렘수면과 논렘수면 중 어느 쪽일까? 앞서 말했듯이 수면 중인데도 불구하고 대뇌가 활발하게 활동하는 상태가 렘수면이다. 또한 렘수면 때 꿈을 꾼다. 꿈이란, 기억의 단편이 이어진 것이다. 이를 바탕으로 렘수면 때 기억의 재구성이 벌어지고 있는 것으로 생각할 수 있다. 그리고 이것은 실험을 거쳐 어느 정도 증명되었다.

예를 들면, 마우스에 학습 과제를 부여한 다음 점차 학습할 양이 늘어날수록 렘수면이 늘어났다는 연구 보고가 있다. 또한 렘수면을 제거하자 학습 성적이 떨어졌다. 이러한 점에서 렘수면이 기억과 학습에 중요한 역할을 하

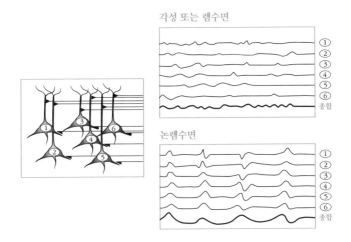

그림 1-5 ◎ 추체세포가 동기화되지 않은 발화(위)와 동기화된 발화(아래)

대뇌피질의 추체세포는 각각이 많은 시냅스 입력을 받는다. 입력 섬유가 불규칙하게 발화하면 추체세포가 동기화되지 않기 때문에 전극에 의해서 검출되는 전기활동의 총합은 작은 진폭을 이룬다(위). 입력의 수가 같더라도 추체세포가 짧은 시간에 동기화하고 발화하는 경우에는 총합으로서의 뇌파 진폭이 훨씬 커지게 된다(아래).

는 것으로 보인다. 더불어 PET(양전자 방출 단층 촬영) 등의 영상 기술을 통해 렘수면 동안 서술 기억에 관계하는 해마 부위의 활동도 활발해지는 것으로 나타났다.

근래에는 렘수면보다 논렘수면, 특히 깊은 상태의 논렘수면이 기억 강화에 중요한 역할을 하고 있다는 것에 많은 학자가 동의하고 있다. 논렘수면이 깊어지면 대뇌피질에 있는 추체세포에서 대량의 뉴런이 점점 동기화되어 발화한다(알아보기 2). 깨어 있을 때나 렘수면일 때 제각각 활동하던 것을 멈추고 가지런히 동기화되어 움직이기 시작한다(그림 1-5). 이 추체세포의 동기화된 발화가 뉴런 자체의 유지와 세포 간 연결을 재구축하는 데 중요한 기능을 할 가능성이 있다. 뇌가 활동하는 상태라면, 세포 간의 연결을 재구축하기 어렵다. 그래서 일단 잠을 재움으로써 재구축하기 쉬운 환경을 만들어 낸다. 비유하자면, 가게를 열기 위해 영업을 일단 중지하는 것과 마찬가지다. 동물을 이용한 실험에서도 수면을 박탈시키면 기억의 토대가 되는 '장기 강화'(알아보기 1)라는 현상이 현저히 감소된다는 결과도 있다.

대뇌피질에서는 한 개의 뉴런이 몇천에서 몇만 개의 입력 신호를 받고 있다. 즉, 다른 뉴런으로부터 엄청난 수의 시냅스로 연결되어 있다. 이들 시냅스 각각의 결합 세기(시냅스 효율)는 제각각이며 더구나 시시각각 변화한다.

또 새로운 시냅스가 만들어지거나 이미 있던 시냅스가 소실되기도 한다. 이러한 역동적인 변화는 뇌의 기억 및 학습과 밀접한 관련이 있다. 시냅스의 배선 연결 형태는 끊임없이 변경된다. 이와 같은 대규모 연결 변경을 할 때 장치의 스위치를 켠 채로 입력 선을 빼었다 꽂았다 하는 것은 비효율적이다. 전기 설비에서도 전원을 켠 채로 유지·관리를 할 수 없다. 그래서 일단 장치를 수면 모드로 변경하는 것이다.

종합하면, 수면은 신체의 항상성을 유지하는 시스템의 보전뿐만 아니라 정신이 정상적인 기능을 할 수 있도록 유지하고 더욱이 기억 강화에 관여한다고 할 수 있다. 잠을 자지 않으면 몸과 마음에 악영향을 초래할 뿐 아니라 항상 자기 자신을 연마하고 그 능력을 향상시킨다는 적극적인 의미에서도 수면은 매우 중요한 역할을 수행하고 있는 것이다.

그러나 이것 또한 "우리는 왜 잠을 자는가?"라는 질문에 대한 완전한 답이 될 수는 없다. 수면 중에 뇌는 어떤 프로세스를 통해 지금까지 설명한 기능들을 가능하게 하는가? 그리고 그 프로세스를 실행하는 데 왜 수면이 필요한 것인가? 이런 미스터리를 풀기 위해 다음 장에서는 수면의 정체를 밝히고자 한다.

뉴런(신경세포)

뇌의 기능은 정보 전달과 처리를 담당하는 세포, 즉 뉴런(신경세포)의 기능에 의해서 유지된다. 인간의 뇌에는 약 1천억 개의 뉴런이 존재한다. 이 뉴런에는 정보를 받는 돌기(수상돌기)와 정보를 내보내는 돌기(축삭)가 있어서 정보 처리 장치로서의 특징을 갖추고 있다. 수상돌기는 세포체(세포의 중심부)에서 여러 개의 가시 모양으로 나오고, 필요에 따라 더욱 더 가지를 갈라 나오게 한다. 축삭axon은 세포체에서 나올 때는 보통 한 개이고 말단에서 갈라져서 다른 뉴런의 수상돌기나 세포체에 접한다.

인간의 뇌에서 가장 정밀한 구조를 가진 부분은 대뇌피질이다. 대뇌피질은 6층의 구조로 140억 개의 뉴런이 존재한다. 각각의 뉴런은 다른 뉴런으로부터 몇천 개에서 몇만 개에 달하는 입력 신호를 시냅스를 통해 받는다. 각각의 시냅스는 항상 전달효율을 변화시킬 수 있는 마이크로 프로세서 기능을 가지고 있다. 게다가 시냅스의 구조나 수 자체도 시시각각으로 변화한다. 뇌의 연산 능력은 실로 대단하다.

이러한 정교한 메커니즘을 계속 가동시켜 두면 여러 가지 문제가 발생한다. 그래서 매일 수면으로 재충전하고 기능을 유지하는 것이다.

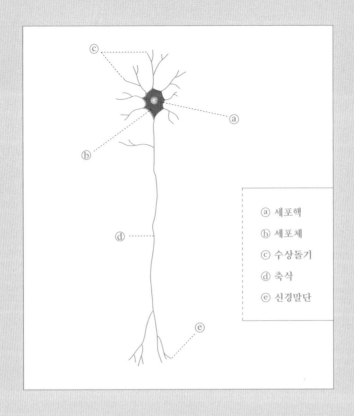

ⓐ 세포핵
ⓑ 세포체
ⓒ 수상돌기
ⓓ 축삭
ⓔ 신경말단

장기 강화(장기 증강, long term potentiation; LTP)

시냅스로 연결된 뉴런 중 정보를 보내는 뉴런을 고빈도로 자극하
면 그 시냅스 결합이 강화되는 현상을 '장기 강화'라고 부른다. 즉,
자극이 반복될수록 시냅스의 정보 전달 효율이 높아지는 셈이다.
장기 강화는 학습과 기억에 관계가 깊은 해마를 활용하여 연구되
고 있으며, 이 현상은 기억 메커니즘의 하나로 여겨지고 있다.

2장

최신 기술로 탐구하는 수면의 정체

영상 기술로 알아낸 '렘수면과
논렘수면의 차이점'

"신은 인생의 갖가지 걱정에 대한 보상으로
우리에게 희망과 수면을 내려주셨다."

-

볼테르 Voltaire

1장에서는 수면의 필요성과 기능에 대해서 간략하게 설명하였다. 그렇다면 수면 중 신체와 뇌에서 무슨 일이 일어나고 있을까? 또한 '수면'의 상태를 객관적으로 관찰할 수 있는 방법은 무엇일까? 본 장에서는 이러한 질문에 대한 답을 알아보자.

도대체 수면이란 무엇인가?

첫째로 수면은 외부의 자극에 대한 반응성이 저하된 상태이며 다시 반응성이 쉽게 돌아오는 상태로 정의된다. 식물인간 상태나 뇌사 등의 혼수상태에 있거나 전신 마취로 자고 있는 경우에도 자극에 대한 반응성이 저하되어 있는 상태이나, '다시 반응성이 쉽게 돌아온다'는 조건을 만족하지 않기 때문에 수면이라고 볼 수 없다.

둘째로 잠을 잘 때 감각계에서는 외부의 자극(뇌로 들어가는 입력 신호)에 대한 반응성이 저하되고, 운동계(뇌에서 나오는 출력 신호)에서는 목적을 가진 행동이 없어진다. 수면 중에도 몸의 방향을 바꾸는 뒤척임 등의 자발적인 운동이 있고, 경우에 따라서는 '렘수면 행동장애'나 '몽유병(수면보행증, 7장 참조)'으로 움직이기도 하지만 그것들을 목적을 가진 행동이라 할 수는 없다.

셋째로 수면 시 그 동물종의 고유한 자세를 취하는 경우가 많다. 인간은 통상 누워서 자고, 쥐는 몸을 둥글게 웅크리고 잔다. 동물에 따라서는 선 채로 잠들기도 한다. 또한 어떤 동물은 귀가한 후에 잠이 든다. 인간의 경우도 자신의 집으로 돌아와 자는 경우가 대부분이다. 그러나 7장에서 언급할 철새 등은 날면서 잘 수도 있고, 돌고래는 헤엄치면서 잠들 수도 있어서 동물에 따라서는 귀가하여 잠을 잔다는 조건이 들어맞지 않는 경우도 있다.

그러나 이러한 지식만으로 동물이나 사람의 외부의 모습을 관찰하는 것만으로는 실제 잠들어 있는 것인지의 여부를 판단하기 어렵다. 움직이지 않는다 해도 실제로는 의식이 있는 채 가만히 있는 경우도 있다. 수면 모습의 특징은 수면 여부를 판단하기에 도움은 되지만 확정적으로 말하기는 어려운 것이다. 사람은 때로 '자는 척'을 하기도 한다.

뇌파로 측정하는 수면

실제로 자는 '잠'과 '자는 척'을 객관적으로 구별하는 방법이 있을까? 수면을 생리학적으로 관찰하게 된 것은 뇌파를 활용하게 된 1930년대 이후다. 현재는 잠을 객관적으로 관찰하기 위해 수면다원검사라는 장치를 사용한다(그림 2-1). 이 장치는 뇌파, 근전도, 안구전도, 심전도 등 생리학적인 지표를 동시에 기록하는데, 이중 특히 뇌파가 제일 중요한 지표가 된다.

인간의 뇌파는 1924년 독일의 정신과의사, 한스 베르거Hans Berger에 의해 처음으로 기록되었다. 당시 근육이 있는 부위의 피부 표면에 전극을 놓으면 근육의 활동에 따라서 전위 변화를 기록할 수 있는(이렇게 기록한 전위 변화를 '근전도'라고 한다) 것은 이미 알려져 있었다. 베르거는 이 점에 착안하여 근전도용 전극을 두피에 부착함으로써

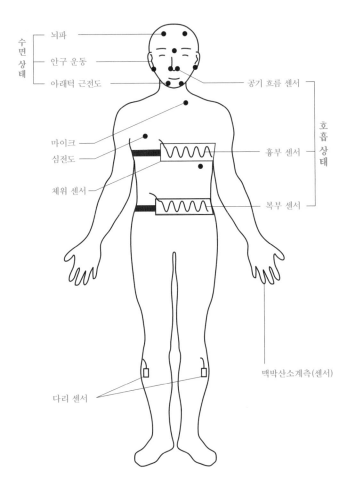

수면 상태
- 뇌파
- 안구 운동
- 아래턱 근전도

- 마이크
- 심전도
- 체위 센서

호흡 상태
- 공기 흐름 센서
- 흉부 센서
- 복부 센서

맥박산소계측(센서)

다리 센서

그림 2-1 ◎ 수면다원검사 장치

뇌 안의 전기 활동을 측정할 수 있다고 생각했다. 당시 베르거는 깨어 있을 때와 수면을 취하고 있을 때의 뇌파가 분명히 다르다고 생각했다. 깨어 있을 때의 뇌파는 빠르지만 진폭이 작고, 수면 시의 뇌파는 느리지만 진폭이 큰 특징을 보였다.

그러나 당시에는 '뇌에서 일어나는 고도의 정신 활동을 전기 등으로 측정할 수 없다'는 생각 때문에 베르거의 발견은 크게 주목받지 못했고, 얼굴의 근전도가 우연히 측정된 것이라고 여겨지고 말았다. 하지만 그 후 몇몇 연구가 이루어지면서 베르거의 발견이 옳은 것으로 판명되었다. 지금도 수면 단계를 판정할 때 가장 중요한 생리학적 지표는 뇌파다.

그렇다면 뇌파는 어떻게 만들어질까? 대뇌피질(알아보기 6)에는 거의 수직으로 다수의 추체세포가 나란히 늘어서 있다. 이것은 문자 그대로 '추체'(피라미드 모양)의 형태를 한 뉴런이고 그 정상에서 크고 긴 수상돌기dendrite가 나온다. 이를 '첨단수상돌기Apical dendrite(정상수상돌기)'라고 부른다. 첨단수상돌기에는 다른 뉴런으로부터 다수의 시냅스가 형성되어 있다. 여기에서 발생하는 전기적인 변화(시냅스 후 전류)의 집합이 뇌파를 만들어 내는 것으로 여겨진다(그림 2-2). 다만 단일 뉴런에서 발생하는 전기장은 극히 작은 것에 비해 전극은 몇 센티미터 정도나 떨어진 거리에 있다. 따라서 검출되는 뇌파는 수천에서 수만 개의 뉴런에 의해 발생하는 시냅스 후 전류의 집합체인 것이다. 그러므로 뇌파 신호의 세기는 전극 가까이에 있는 뉴런의 활동이 얼마나 동기화synchronization 되는지에 달렸다. 제각기 다른 시기에 발화하면 전위가 서로 상쇄되고, 결과적으로 시냅스 전류가 만드는 전기장의 진폭은 작아져 버린다 (그림 1-5). 또한 추체 세포는 보다 더 큰 전기활동으로 활동전위를 발생시키지만, 활동전위는 예리하고 짧은 지속시간 때문에 농기화되기 어렵고 뇌파에서 잡파noise를 제거하기 위한 필터에 의해 소거된다. 그러므로 뇌파를 구성하는 것은 주로 첨단수상돌기에 의한 시냅스 후 전류의 총합이라고 생각된다.

뇌파로 구분하는 수면 단계

1968년에는 레치츠샤펜Rechtschaffen과 카레스Kales는 뇌파 기록을 바탕으로 사람의 수면 단계를 판정하는 기준을 마련하였다.

연구진은 인간의 수면을 5단계로 분류했다. 렘수면과

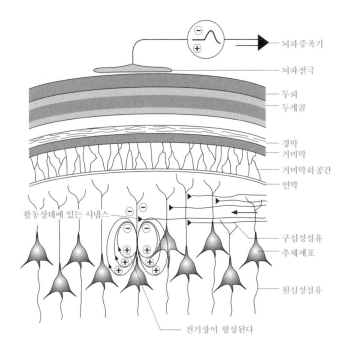

뇌파증폭기

뇌파전극

두피
두개골

경막
거미막
거미막하공간
연막

활동상태에 있는 시냅스

구심성섬유
추체세포

원심성섬유

전기장이 형성된다

그림 2-2 ◎ 뇌파 발생 기구

활동전위

뉴런을 포함한 모든 세포는 세포막으로 둘러싸여 있다. 세포막에는 다양한 이온을 선택적으로 통과시키는 이온채널(통로 단백질)이라는 단백질과 특정 물질 등을 선택적으로 거둬들이는 운반체^{Transporter}(운반단백질), 특정의 생리 활성 물질과 결합하여 그 신호를 세포 내로 보내는 수용체 등 다양한 기능을 가진 단백실이 세뽀막에 위치해 있어, 통상 세포 안쪽은 음전위, 바깥쪽은 양전위로 유지된다. 세포 안쪽이 음전위로 되어 있는 상태를 '분극'이라고 하며, 이 전위가 '0'의 방향(즉, 양전위 방향)으로 치우치는 상태를 '탈분극'이라고 한다. 탈분극이 일어날 수 있는 정도의 수준(역치)에 도달하면 전위는 급속히, 그리고 극히 짧은 시간 동안 탈분극 방향으로 크게 치우친다. 이것을 '활동전위$^{action\ potential}$'라고 부른다. 활동전위는 나트륨 이온과 칼슘 이온의 세포막 투과성 변화로 발생한다.

활동전위는 바로 옆의 세포막에도 탈분극을 일으키고 활동전위를 생성시킨다. 이렇게 도미노가 연이어 넘어지듯이 활동전위가 축삭으로 전도되는 시스템으로 뉴런의 정보를 디지털 신호로서 멀리까지 신호의 감쇠 없이 전달될 수 있는 것이다. 같은 전기적인 현상에서도 볼 수 있듯이 전선과 같이 전류가 흐르는 시스템이라면, 신호는 멀리 갈수록 감쇠된다.

특히 빠른 속도의 정보 전달을 필요로 하는 뉴런은 축삭 주위를 군데군데 '미엘린수초'라고 하는 절연체로 둘러싸여 있다. 이것에 의해 활동전위가 띄엄띄엄 이동할 수 있게 되고 보다 더 빠른 전도가 가능하게 된다. 이를 '도약전도'라 한다. 뉴런에 활동전위가 발생하는 것을 '발화한다'고 지칭하며, 활동전위의 빈도를 '발화빈도'라고 한다.

그림 2-3 ◎ 수면 시 각 단계의 뇌파

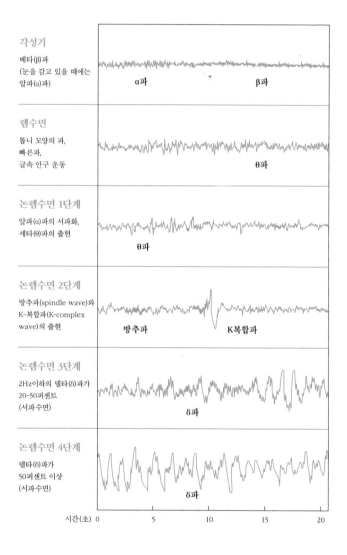

각성기
베타(β)파
(눈을 감고 있을 때에는
알파(α)파)
α파   β파

렘수면
톱니 모양의 파,
빠른파,
급속 안구 운동
θ파

논렘수면 1단계
알파(α)파의 서파화,
세타(θ)파의 출현
θ파

논렘수면 2단계
방추파(spindle wave)와
K-복합파(K-complex
wave)의 출현
방추파   K복합파

논렘수면 3단계
2Hz이하의 델타(δ)파가
20-50퍼센트
(서파수면)
δ파

논렘수면 4단계
델타(δ)파가
50퍼센트 이상
(서파수면)
δ파

시간(초) 0   5   10   15   20

76 - 77

깊이에 따라서 1단계부터 4단계까지 세분화되는 논렘수면으로 분류된다. 또한 논렘수면에서도 3단계와 4단계는 서파수면slow wave sleep 상태를 기준으로 구별된다(그림 2-3).

이들을 뇌파의 상태로 구분하면 다음과 같다. 깨어 있을 때는 주파수가 높은 베타(β)파가 뇌 전체 영역에서 관찰된다. 깨어 있는 채로 눈을 감으면, 후두엽 근처에서 다소 낮은 알파(α)파가 나오기 시작한다. 뇌가 논렘수면에 들어가면 더 주파수의 낮은 세타(θ)파가 나타난다. 이렇게 알파(α)파가 전체의 50퍼센트 이하까지 감소한 상태를 논렘수면 1단계로 본다. 다음으로 방추파spindle wave와 K-복합파 K-complex wave라고 불리는 특징적인 파형이 출현하는 상태가 논렘수면 2단계다. 더 깊은 수면으로 들어가 2헤르츠 이하의 서파(델타(δ)파)가 전체의 20퍼센트 이상 50퍼센트 이하인 상태가 3단계, 마지막으로 서파(델타(δ)파)가 50퍼센트 이상을 차지하는 상태를 4단계로 구분한다.

렘수면의 발견

지금까지 언급했듯이 잠은 크게 렘수면과 논렘수면으로 나눌 수 있다. 수면과 깨어 있는 상태가 완전히 다른 상태인 것만큼이나 우리는 수면 중에 매우 다른 두 가지 상태를 번갈아 경험하는 것이다. 즉, 뇌의 기능적 상태 혹은 작동 방식은 크게 각성, 렘수면, 논렘수면 세 가지로 나뉜다.

여기서 1장에서도 언급한 렘수면에 대해 복습해 보자. 1953년 아세린스키Eugene Aserinsky와 클레이트만Nathaniel Kleitman은 수면학 역사에 남을 획기적인 발견을 발표하였다. 당시 클레이트만은 입면 시 서서히 회전하는 안구 운동이 일어나는 것에 주목하고 그것이 수면의 깊이와 어떠한 관계가 있는지에 관하여 흥미를 가졌다. 대학원생이었던 아세린스키는 하룻밤 동안 수면 중 안구 운동을 기록하였다. 그는 우선 예비실험으로서 자신의 7세 아들, 아몬드Armond를 피험자로 하여 안구 운동을 기록하는 장치를 시험했다. 아몬드가 잠들고 얼마 안 있어 예상 밖의 현상이 기록되었다. 수면 중 아몬드의 안구가 빠르고 불규칙하게 움직이기 시작했던 것이다.

아세린스키는 이 현상을 그의 은사인 클레이트만에게 보고하였는데, 클레이트만은 이것이 매우 중요한 발견이라는 것을 알아차리고 후속 연구 계획을 세웠다. 그 후 그들은 피험자들을 추가로 모집해서 실험을 진행하였고, 이 수면 중의 안구 운동이 심장박동 수나 호흡수의 변화도 함께 동반한다는 것을 알아냈다. 그리고 마지막으로 이 현상으로 인하여 수면 중에도 규칙적으로 뇌가 활발히 활동하고 있다는 것을 깨닫게 되었다. 지금까지 수면 중에는 뇌 활동이 저하된다고 믿었기 때문에, 이러한 '수면 중의 활성화'는 그야말로 대반전이었다. 그들은 이 현상을 급속 안구 운동rapid eye movement을 동반하는 수면이라는 뜻으로, 그 머리글자를 따서 렘수면이라고 이름 붙였다.

렘수면의 발견은 수면 연구 역사에 남을 획기적인 성과지만, 그 위업은 이처럼 절반의 우연과 행운에서 비롯된 것이었다. 연구의 세계에서 획기적인 발견이 언뜻 보기에 오직 우연과 행운에 의해서만 이루어진 것처럼 생각할 수 있다. 그러나 이러한 발견은 항상 끊임없이 노력하는 연구자에게 비로소 찾아오는 행운이다. 더불어 연구자가 행운을 놓치지 않도록 관찰하는 눈썰미와 그 중요성을 간파하는 능력을 갖고 있었기에 이러한 성과의 결실 맺을 수 있었던 것이다. 아세린스키의 발견은 이러한 사례 중 하나다.

흔히 렘수면을 '얕은 수면'이라고 일컫는데, 이는 잘못된 것이다. 렘수면 중에는 뇌가 활발하게 활동하고 있기 때문에 뇌가 휴식하는 정도가 얕다라고 불리기도 하지만, 렘수면은 논렘수면과 비교할 때 '양적'뿐만 아니라 '질적'으로도 완전히 다르다(표 2-1). 이것은 마치 컴퓨터가 켜진 상태에서 인터넷에 연결되어 있는 상태(각성), 수면 모드sleep-

표 2-1 ◎ 사람의 각성과 수면

수면, 각성 단계	각성	논렘수면	렘수면
의식	의식 뚜렷 환경을 완전히 의식하고 있음	의식 없음	의식 없음
감각계로 부터 입력	100퍼센트 뇌로 전달됨	뇌로 전달되지만 감각계를 처리하는 중추 기능이 저하되어 있음	시상에서 차단되어 있음(Locked)
근긴장 근육으로의 출력	정상	뇌로부터 명령이 적어지기 때문에 저하되어 있음 (0은 아님)	대부분 소실
행동	목적을 가지고 행동	뒤척임	거의 없음
안구운동	보고 싶은 것을 추적함	없음	급속 안구 운동이 보임
뇌파	저전압, 빠른파	고전압, 느린파	저전압, 빠른파
꿈	없음	단순한 이미지	복잡하거나 기묘한 이야기를 가진 꿈

mode의 상태(논렘수면), 그리고 오프라인 상태로 사용하는 상태(렘수면) 세 가지에 해당한다고 비유할 수 있다. 사람은 하루 3분의 1을 자면서 보내고 그 수면 시간 중 4분의 1이 렘수면 상태다. 또한 렘수면 시에는 깨어 있을 때와 유사한 빠르고 진폭이 작은 뇌파가 기록되고 해마의 활동에 의한 세타(θ)파가 보인다(그림 2-3).

온몸에 나타나는 두 가지 수면의 큰 차이점

논렘수면과 렘수면에서는 뇌뿐만 아니라 몸 전체의 생리 기능 측면에도 매우 큰 차이를 보인다. 온몸의 기능은 뇌에 의해 조절되기 때문이다. 그렇다면 각각의 수면 상태에서 온몸에 나타나는 특징을 보자. 논렘수면은 일반적으로 휴식 시간이라고 여겨진다. 우선 뇌의 에너지 소비와 뉴런의 활동이 하루 중 최저다. 또한 뇌파에서는 느리고 큰 진폭의 파형이 기록된다.

진폭의 크기는 전에 언급한 바와 같이 대뇌피질의 뉴런이 동기화되는지 여부에 따라 결정된다. 논렘수면 시 특징적인 신체 기능은 다음과 같다. 뇌의 운동 기능을 관장하는 영역이 온몸의 근육에 명령을 내리는 일이 줄어들어

서 근육 활동이 감소한다. 하지만 필요시에는 응답하고 잠
잘 때 뒤척거리는 등의 운동을 하는 것은 가능한 상태다.
또한 체온이 떨어지고 에너지 소비도 적어진다. 자율신경
계의 기능에서는 교감신경 기능이 약화되고 부교감신경
기능이 항진된다. 이에 따라 혈압과 심장박동 수가 떨어지
고 소화기 계통의 기능이 활발해진다. 논렘수면 때는 신
체도 뇌도 휴식 상태에 있는 것처럼 보이고 감각계의 입력
처리도 깨어 있을 때와는 확연히 다르다. 보다시피 중추인
뇌가 기능을 떨어뜨리고 있기 때문이다. 그러나 감각계가
완전히 차단되는 것은 아니다. 큰 소리가 나거나 주위가
갑자기 환하게 밝아지면 누구나 눈이 떠지는 사례를 생각
해 보면 알 것이다.

렘수면 시에 관찰되는 뇌와 전신의 기능은 논렘수면
때와는 크게 다르다. 놀랍게도 뇌는 깨어 있을 때보다(심지
어 어려운 수학 문제를 푸는 등의 지적인 활동을 하고 있을 때보
다도) 활발하게 활동하고 있다. 렘수면 발견 이후 많은 연구
자가 그 생리적 의의를 해명하고자 몰두해 왔다. 그것은 렘
수면이 매우 신비한 상태이기 때문이고 또한 1장에서도 설
명했듯이 꿈과 관계가 깊기 때문이다. 만약 렘수면 중에 깨
우면 당사자는 꾸던 꿈의 내용을 매우 상세히 말할 수도 있
다. 심지어 그 꿈은 꽤나 이상하고 묘한, 그리고 때로는 아

주 매력적인 스토리를 갖고 있다(얕은 논렘수면 때에도 꿈은 꾸지만 대개 내용이 평범하거나 단조로운 단순한 내용이다).

렘수면 시에는 깨어 있을 때와 엇비슷하거나 혹은 그 이상으로 대뇌피질이 활동하고 있기 때문에 뇌파는 각성 때와 매우 비슷한 저진폭의 속파fast wave다. 이러한 사실에서 렘수면은 종종 역설수면paradoxical sleep으로도 불린다. 또 렘수면 시에는 뇌간에서 척수로 향하는 운동뉴런을 마비시키는 신호를 보내고 있어서 전신의 골격근과 눈 근육, 이소골耳小骨(중이의 작은 뼈)의 근육, 호흡근 등을 제외하고 마비되어 있는 상태가 된다. 그 때문에 렘수면 시 뇌의 명령이 근육에까지 전달되지 않으므로, 꿈속에서의 행동이 실제 행동에 반영되지 않는다. 단지 안구만은 불규칙적으로 여러 방향으로 움직이고 있다. 이것은 꿈속에서의 고차 시각 영역 활동이 뇌간에 전달되어 안구를 움직이게 한다고 추측된다. 이는 마치 꿈에서 보고 있는 어떤 것을 뒤쫓으려는 상태다.

선뜻 이해하기 어렵지만, 자율신경계의 작용으로 렘수면 때에는 교감 신경계와 부교감 신경계의 활동이 둘 다 크게 변동한다. 그 때문에 심장박동 수와 호흡수가 늘어나는 것과 함께 음경의 발기가 일어난다(그림 2-4). 또한 체온 조절 기능이 거의 정지한다. 감각계에서 뇌에 대한 입력input은 중계 역할을 하는 지점인 시상thalamus에서 차단된다. 또 앞에서 언급한 바와 같이 출력output으로서 운동을 일으킬 수도 없다. 그럼에도 불구하고 중추인 뇌는 활성화되고 있다. 즉, 신체와 뇌 사이의 정보 교환을 차단한 상태로 뇌 자체는 활발히 활동하고 있는 것이다.

이렇게 렘수면 중에는 뇌도 신체도 매우 불가사의한 일을 하고 있는 것으로 추측된다. 1장에서 소개한 피터 트립은 불면 마라톤 도전을 마친 후 잠을 잘 때 렘수면이 매우 길게 나타났다고 한다. 렘수면을 선택적으로 제거하는 동물실험을 통해 렘수면의 필요성이 밝혀진 것도 1장에서 언급하였다. 수면다원검사로 수면 단계를 확인하면서 렘수면에 들어갔을 때 동물을 자극해서 깨우는 방법으로 렘수면을 박탈시키자 'REM 반동REM Rebound'이라 불리는 현상이 일어났다. 이는 렘수면에 들어갈 때까지의 시간이 크게 단축되고 렘수면 자체의 시간이 늘어났다는 것인데, 이것은 렘수면이 나중에라도 보충되어야 하는 중요한 시간이라는 점을 시사한다. 수면박탈을 3일 정도 지속하자, 수면을 취하기 시작한 즉시 곧바로 렘수면에 들어가 버리는 바람에 렘수면만 박탈하려는 의도가 결국 잠 자체를 빼앗는 것과 같은 상태가 되는 것이다.

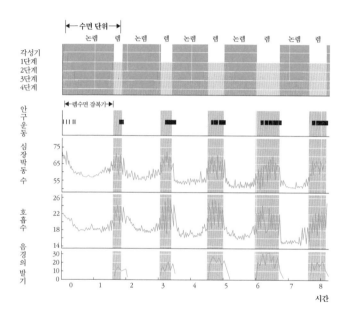

그림 2-4 ◎ 수면 중의 생리적 변화

수면의 약 75퍼센트는 논렘수면이다. 나머지 25퍼센트는 렘수면이 차지한다. 이들은 무작위로 나타나는 것이 아니라 규칙적인 패턴을 가지고 반복된다. 건강한 잠을 잘 때, 렘수면은 반드시 논렘수면 이후에 나타난다. 렘수면이 끝나면 또다시 논렘수면으로 되돌아온다. 이를 90분마다 반복하는 것이다. 수면 중에 보이는 수면 단계의 변화를 시간에 따라 나타낸 것을 '수면 그래프' 혹은 '수면 경과도'라고 하며, 이 수면 그래프에서 알 수 있는 수면 변화의 양상, 이른바 수면의 형태를 '수면구축睡眠構築'이라고 한다. 그림 1-2로 나타낸 것이 '수면 그래프'다.

사람의 경우, 논렘수면이 1단계부터 4단계의 네 단계로 구분된다는 것을 앞에서 설명하였다. 즉, 인간의 수면과 각성 단계는 각성과 렘수면을 포함해서 총 6단계로 분류된다. 정상적인 수면에서는 취침 후에도 각성 상태가 수분에서 20분 정도 계속되다가 다음으로 1단계 논렘수면에 들어간다. 그 뒤로 수면은 2단계, 3단계, 4단계로 점점 깊어지다가 이윽고 최초의 렘수면이 나타난다. 이와 같이 렘수면에 선행하는 논렘수면의 길이를 'REM 잠복기'라고 한다. 논렘수면에 들어가서 렘수면이 끝날 때까지를 '수면 주기(또는 수면 단위)'라고 부르고, 통상 대략 90분의 수면 주기를 4회에서 5회 반복하고 깨어난다. 잠이 깊어질수록, 후반의 수면 주기로 갈수록 깊은 논렘수면이 적어지고 렘수면은 증가한다. 더불어 REM 잠복기도 짧아진다(그림 2-4). 그러나 반드시 논렘수면이 선행한다는 법칙에는 변함이 없다. 다만 매우 피곤할 때나 단면한 후에는 REM 잠복기가 매우 짧아지는 경우도 있다. 또한 수면 주기는 대부분 약 90분으로 간주되지만 이는 개인차나 그 날의 컨디션에 따라서 달라지는 경우가 많기 때문에 60분에서 110분 정도의 범위로 고려할 수 있다.

최신 기술로 보는 수면 중의 뇌 활동

잠은 뇌파를 근거로 하는 수면다원검사 장치(그림 2-1)를 통해 객관적으로 관찰된다. 하지만 뇌파는 뇌 안에서도 주로 대뇌피질의 기능을 반영하기 때문에, 그 해상도에 한계가 있다. 특히 두피 위에서 기록하는 방식인 표면뇌파로는 뇌의 심부 기능을 측정하는 것이 불가능하다. 이를 보완하기 위해 현재는 PET(양전자방출단층촬영)나 fMRI(기능적

핵자기공명촬영) 등의 뇌기능 영상 해석 기술을 이용함으로써 뇌의 각 부위 활동을 3차원 영상으로 파악할 수 있다. PET나 fMRI에서는 대사와 혈류의 증가를 관찰함으로써 뇌 활동의 증가를 살펴볼 수 있다. 이들 방법으로 뇌파로는 알 수 없었던 뇌의 각 부위의 기능을 알아볼 수 있게되었다.

렘수면과 논렘수면에서 뇌는 완전히 다른 상태라는 사실 이외에도 이때 각각 특유의 뇌 활동 패턴이 있다는 점도 이들 연구에서 밝혀졌다. 그렇다면 이제 각각의 단계에서 뇌 활동의 차이점을 소개한다. 깊은 논렘수면(서파수면)에서는 뇌 전체의 혈류량이 감소한다. 이는 논렘수면 시 뇌가 휴식 상태에 있다는 것을 나타낸다. 특히 뇌간, 전뇌기저부basal forebrain, 시상의 활동이 현저하게 저하된다. 이들 영역은 각성을 제어하는 데 깊이 관여하는 부위기 때문에 논렘수면 시 활동이 저하되는 것은 당연하다. 그런데 유독 논렘수면 중에 활동이 왕성해지는 부위가 존재한다. 바로 3장에서 설명할 '시각교차앞구역(preoptic area; POA)'의 활동이다. 시각교차앞영역은 간뇌와 중뇌의 이행부에 해당하는 '시상하부'의 앞부분에 존재하고 수면중추로서의 기능을 갖고 있다고 추측된다. 이러한 '수면중추' 부위가 활성화되어 잠이 유도된다. 즉 수면은 수동적인 것이 아니라 뇌가 적극적으로 만들어 낸 산물인 것이다. 이 시각교차앞영역을 '잠을 재우는 뇌'라고 지칭하는 사람도 있다.

또한 논렘수면 시의 대뇌피질 활성도 저하가 뇌 전체에 일률적으로 일어나는 것이 아니라 언어중추를 포함한 왼쪽 측두엽과 왼쪽 전두엽의 영역에서 더욱 두드러지게 나타나는 것으로 알려져 있다. 이것은 깨어 있을 때 자주 사용되는 뇌 부위에 수면이 더 많이 나타나는 것이라고 해석된다. 이것은 수면이 뇌 전체에 '일률적으로' 일어나기보다는 '국소적으로' 제어되고 있다는 것을 의미한다. 이 현상은 '국소수면local Sleep'으로 불린다. 심지어 최근에는 수면이 대뇌피질의 '칼럼 구조'(알아보기 6) 단위로 제어된다는 가설도 제기되었다.

렘수면 시 뇌 안의 활동 패턴 프로그램은 매우 특징적이다(그림 2-5). 우선 뇌간의 다리뇌pons에서 다리뇌덮개 pontine tegmentum(교뇌피개) 부분의 활동이 높아진다. 이 부분은 렘수면을 일으키는 중추로 간주된다. 여기에는 아세틸콜린이라는 뇌 안의 신경전달물질을 가진 뉴런(콜린 작동성 뉴런)이 존재하고 렘수면 시에 활발히 활동한다. 또 편도체와 해마 부분이 활동한다. 이것들은 '대뇌변연계limbic system'라는 부분(알아보기 9, 10, 11)의 일부이며 감정과 기

깨어 있는 상태와 비교할 때

 활동저하

 활동상승

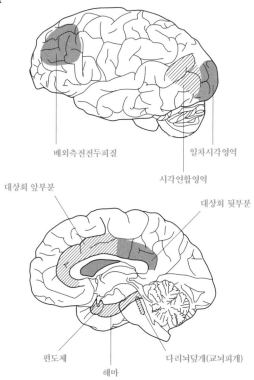

배외측전전두피질

일차시각영역

시각연합영역

대상회 앞부분

대상회 뒷부분

편도체

해마

다리뇌덮개(교뇌피개)

그림 2-5 ◎ 렘수면 시의 뇌의 활동. 깨어 있을 때와 비교할 때
활동이 저하되어 있는 부분과 상승되어 있는 부분을 표시하고 있다.

억에 관여한다. 렘수면 도중 꾸는 꿈에서 '무섭다', '즐겁다' 등의 다양한 감정을 동반하는 경우가 많다는 것도 편도체의 활동과 관련이 있는 것으로 보인다. 또한 해마는 서술 기억에 관여하는 부분이며 1장에서도 언급했듯이 수면이 기억이나 학습과 관련되어 있음을 시사하고 있다.

교토대학 가미타니 유키야스神谷之康교수의 연구팀은 fMRI기술을 활용하여, 렘수면 중 시각 영역의 활동 패턴으로 사람이 꿈에서 보고 있는 영상을 이미지화할 수 있다고 주장하였다. 또한 렘수면 때에 꾸는 꿈은 물리적으로 있을 수 없는 일이 발생하거나 시간 관계가 엉망이거나 기묘한 내용이 많지만, 꿈을 꾸고 있을 때에는 이상하다고 깨닫지 못하는 것은 전두엽의 배외측전전두피질dorsolateral prefrontal cortex; DLPFC(알아보기 3)의 기능이 저하되어 있기 때문이다. 이 부분이 충분히 기능하지 않으면 보고 있는 현상에 대해서 되돌아보거나 이상하다는 의문을 갖기 어렵게 된다. 또한 꿈은 대개 시각적인 것이며 나머지 감각을 동반하는 경우가 적다. 이는 렘수면 시 일차시각영역은 활동을 정지하고 있지만, 고차시각영역(시각연합영역, 알아보기 13)은 활발히 활동하고 있으며 이 부분에서 시각 이미지가 만들어지고 있기 때문으로 풀이된다. 그러나 우리는 간혹 꿈속에서 촉각과 후각, 청각, 미각까지도 체험하는 경우가 있다. 이러한 경우는 각각의 중추 활동이 의식에 올라와 있는 것이라고 생각된다. 음악가와 같이 소리에 관련되는 일이 많은 사람은 청각을 동반한 꿈을 꾸는 경우가 많고 소믈리에와 같이 향기, 냄새에 관련된 직업의 사람들은 후각을 동반한 꿈을 많이 꾼다고 한다. 렘수면은 감각 정보에서 오는 요소를 바탕으로 기억하고 있는 사건의 내용을 분류·정리하는 것으로 예상된다. 어쨌든 이러한 감각은 당연하게도 현실에 일어나고 있는 일이 아니라 수면 중에 뇌가 마음대로 만들어 내고 있는 것이다. 즉, 꿈과 환각의 일종이나.

이렇듯 영상 해석 기술을 사용하면 시각영역에서의 활동을 관찰할 수 있으며, 이를 통해 꿈의 메커니즘에 대해서도 객관적으로 볼 수 있다.

뇌 활동의 차이로 보는 각성과 렘수면

그렇다면 깨어 있을 때의 뇌 활동은 수면 중일 때와 어떻게 다를까? 지금까지 살펴본 것처럼 뇌 활동은 크게 활동 모드active mode와 수면 모드sleep mode로 나뉜다. 전자는 각성과 렘수면이고, 후자는 논렘수면이다. 그리고 각성과 렘수면을 크게 나누어 보면, 각성 때는 오감을 통해서 입력되는 바깥 세계의 정보를 처리하면서 그것에 반응하여 뇌가 활동한다.

다섯 가지의 감각 정보는 대뇌피질에서 해석이 이루어지는 동시에 대뇌피질과 나란히 늘어선 시스템인 대뇌변연계(알아보기 9)에서 '중요도'가 매겨진다. 대뇌변연계는 얻어진 정보의 중요성을 가늠하는 시스템과 같다. 즉, 얻어진 정보가 자신에게 기쁜 것인지 혹은 바라지 않는 것인지(경우에 따라서는 공포의 대상인지) 등을 판단한다. 이처럼 긍정적인 혹은 부정적인 감정을 느끼는 것은 각성을 유지하는 데 도움을 준다. 이른바, 각성이라고 하는 상태는 외부 세계의 자극에 반응하고 대뇌피질이 활성화되는 상태다(물론 내재된 기억 시스템과의 대조, 조합을 하는 선별 작업은 수시로 시행되고 있다).

이에 반해 렘수면은 외부와의 정보 교환이 없는 상태다. 감각계로부터의 입력 신호와 운동신경을 통하는 근육으로의 출력 신호도 차단된 상태다. 따라서 이러한 '오프라인' 상태에서는 뇌를 활성화시키는 자극은 내부에서 발생한다. 뇌간의 다리뇌덮개에 있는 '콜린 작동성 뉴런'이 자발적으로 활동하여 시상 등을 통하는 대뇌피질을 활성화시킨다. 콜린 작동성 뉴런은 동시에 시각연합영역이나 대뇌변연계도 자극한다. 이에 따라 꿈은 감정이 풍부한 시각 이미지가 된다. 그것은 결코 현실이 아니라 뇌가 만들어 낸 환상이다. 그러나 꿈을 꾸고 있는 당사자는 배외측 전전두피질의 활동이 저하되어 있기 때문에 그것이 현실이라고 믿어 의심치 않는 것이다. 꿈속에서는 정상적인 사고를 하거나 과거를 기억해 내기 어렵다. 단지 체험과 감정만이 있을 뿐이다.

'메타인지'라는 개념이 있다. 이것은 사람이 사고와 행동, 인지를 가지고 있을 때 그것을 객관적으로 '내가 지금 사고思考하는 중이다'라고 인지하는 능력을 메타인지기능이라고 부른다. 즉, '알고(인지하고) 있음'을 인지할 수 있는 능력이다. 우리는 일반적으로 이 기능을 통해 자신이 사고하고 행동하고 있음을 객관적으로 인식한다. 그러나 꿈속에서는 이 기능이 현저히 떨어져 있다. 이것 역시 전전두엽의 기능이 떨어져 있는 것이 원인으로 꼽힌다. 렘수면에서 보이는 이런 현상은 일종의 정신장애와 매우 유사한 부분이 있다. 우리는 매일 밤 꿈을 꾸고 환각을 체험함으로써 역설적으로 정상적인 정신을 유지하고 있는지도 모른다.

전두엽과 전전두엽피질

우리는 일상적으로 엄청난 양의 정보를 뇌에서 처리하고 있다. 그것들은 생활환경에서 감각계를 통하여 들어오는 정보다. 감각계에서 오는 정보가 뇌를 통해 처리되어 지금이 언제인지, 그곳이 어디인지, 주위에서 무슨 일이 일어나는지 등을 이해하면서 생활하고 있다. 그리고 무언가 이상한 일이 벌어지면 '왜 그렇지?'라고 생각하고 해결하고자 한다. 대개 곧 해결 방안을 발견하고 '과연, 그렇군!'이라며 납득한다. 이러한 작업은 주로 전두엽frontal lobe 중 전전두엽피질prefrontal cortex, PFC이란 부분에서 이뤄진다(전두엽은 전전두엽피질과 운동 기능에 관련된 전두엽 운동피질motor cortex로 구성된다). 오감五感으로부터 제각기 다르게 들어오는 정보를 정리하고 지금 벌어지고 있는 현실을 '구축'하는 것이다. 그런 의미에서는 우리가 보거나 듣고 있는 것은 모두 '가상현실virtual reality'이라고 말할 수 있다. 아직 왜 이런 일이 생기는지 정확히 밝혀지지 않았으며 '결합문제the binding problem●'로 신경과학의 어려운 문제 중 하나로 논의되고 있다. 어찌되었든 전두엽은 다양한 정보를 논리적인 형태로 통합하는 기능을 갖고 있다.

배외측전전두피질 부위에는 작업 기억working memory이라는 기능이 있다. 앞서 기억 시스템으로서 해마를 언급했지만, 이것은 해마와는 차별화된 기억 시스템이다. 비교적 장기 기억이 아니라 순간적으로 기억을 저장하고 곧 사라지는 기억을 취급한다. 컴퓨터로 말하자면 램^{RAM}에 해당한다고 말할 수 있겠다. 사람은 사고하거나 계산 등을 할 때 말이나 이미지, 숫자 등을 일시적으로 저장해 둘 필요가 있다. 작업 기억은 해마에서의 기억과 달리 순식간에 사라지고 용량도 한정되어 있다. 일곱 자리 정도의 숫자라면 누구나 순간적으로 기억할 수 있지만, 그 이상은 어려울 것이다. 또한 무엇인가 생각하고 있을 때 누군가가 말을 걸어오면, 하던 생각을 깜박 잊어버리는 것을 누구라도 경험해 본 적이 있을 것이다. 이것도 작업 기억의 용량이 한정되어 있고 오래 유지되지 않기 때문이다.

작업 기억은 논리적 사고에 필요한 것이며, 그 기능은 의식과 지능, 인지와 밀접한 관계가 있다고 알려져 있다. 렘수면 동안 다양한 뇌의 부위가 활성화된다. 그럼에도 불구하고 작업 기억을 담당하는 배외측전전두피질의 기능은 더욱 저하되어 있다고 알려져 있다. 이 때문에 꿈속에서는 인과관계가 이상한 일이나 맥락이 없는 이야기가 아무렇지 않게 발생하고 그것을 이상하다고도 생각하지 않는 것이다.

● 결합 문제(The Binding Problem) : 뇌는 각 부위에서 다양한 기능을 분담하고 전체가 하나의 기능체로서 작동하고 있다. 예를 들면, 이제 당신이 야구 배팅 센터에서 공을 친다고 해 보자. 공이 날아오는 모습(시각), 미트로 공을 잡는 소리(청각), 손에 전해지는 감촉(체성감각)은 뇌의 각각의 부위에서 디지털화되어 처리된다. 이 일련의 과정은 동시에 원활하게 통합된다. 이러한 정보의 통합이 어떻게 가능한지는 아직 명확하지 않다. 이를 결합 문제라고 한다.

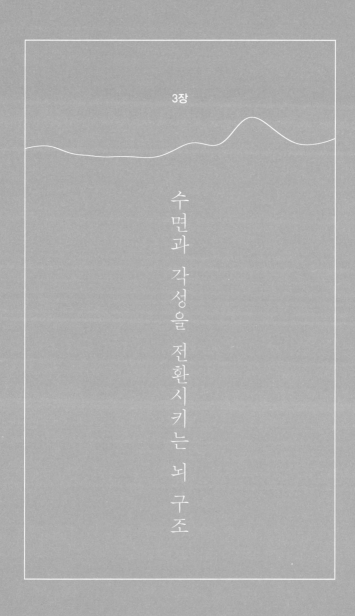

3장

수면과 각성을 전환시키는 뇌 구조

신경전달물질과 뉴런이 만들어 내는
교묘한 두 가지 시스템

"수면은,
제2의 방으로 들어가는 것이며
우리 자신의 방을 나와서 그 별실로 가는 것이다."

—

부어스트^{Wurst}

잠자리에 든다. 그리고 의식이 어둠으로 빨려 들어간다. 이윽고 잠의 세계로의 여행길에 오른다. 그리고 날이 밝아 와 눈을 뜬다. 잠자리 중에는 자신이 처한 환경이 온몸의 감각계를 통해서 전달되어 온다. 의식이 점차 맑아진다. 이렇게 매일 반복되는 입면과 각성. 그러나 그동안 입면과 각성을 오갈 때의 일을 평상시 우리가 명확히 의식하지는 않았다. 도대체 그 경계에서 뇌 안에서는 무슨 일이 일어나고 있을까? 이 장에서는 수면과 각성을 전환시키는 뇌의 구조를 알아보자.

1920년 전후의 유럽에서 바이러스에 의한 것이라고 판단되는 뇌염이 유행했다. 뇌염 환자 중에는 잠을 곤히 지속해서 자는 '기면 증상'을 보이는 환자가 나타났다. 그러나 그중에는 반대로 심한 불면을 호소하는 증례도 있었다. 오스트리아 빈에서 연구하던 신경병리학자 폰 에코노모Von Economo는 이들 뇌염환자 중 불행하게도 사망한 사람들의 병리학적 소견에서 뇌의 시상하부(hypothalamus, 알아보기 4)의 앞부분에 병소가 있는 경우는 불면을 초래하고, 반면에 시상하부 뒤쪽에 병소가 있는 경우에는 기면 증상을 보이는 것을 밝혀냈다(그림 3-1). 이 때문에 현재도 기면 증상을 보이는 뇌염을 폰 에코노모 뇌염이라고 부르기도 한다. 그 후 수십 년의 세월이 지나 폰 에코노모의 관찰은 옳은 것으로 밝혀졌다.

시상하부 뒷부분에는 각성과 깊은 관계를 가진 오렉신orexin과 히스타민histamine이라는 뇌 안의 신경전달물질을 만드는 뉴런이 존재했다. 또한 시상하부의 앞부분에는 시각교차앞구역이라는 부분이 포함되며, 여기에서 수면을 만들어 내는 시스템(수면중추)이 존재한다는 것을 알았던 것이다. 즉, 폰 에코노모가 주장한 대로 시상하부에는 수면과

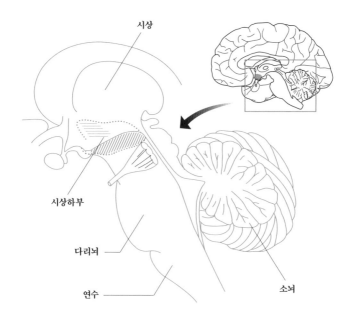

시상

시상하부

다리뇌

연수

소뇌

그림 3-1 ⓒ 폰 에코노모가 그린 그림

에코노모는 뇌염 후 숨진 환자 중 기면 증상을 나타낸 증례에는 그림의 빗금선 부분
(시상하부의 뒷부분)에 병변이 있고 불면 증상을 나타내 증례에서는 그림의 수평선
부분(시상하부의 앞부분)에 병변이 있음을 알아냈다.

각성에 관한 부분이 존재한다. 이들은 이후 언급할 뇌간에 존재하며 각성을 제어하는 뉴런군에 작용하고, 수면과 각성의 스위치가 전환되는 것이다. 여기에서 시상하부라는 부분에 대해 조금 더 설명하고 싶다.

시상하부는 동물의 항상성을 제어하는 부분이다. 항상성homeostasis이라는 것은 생체 내의 환경을 일정하게 유지한다는 의미다. 예를 들어, 항온동물의 체온은 기온이 변해도 거의 일정하게 유지된다. 또한 혈압이나 혈액 안의 여러 가지 물질의 농도 등도 일정한 범위로 유지된다. 이처럼 생체의 다양한 기능을 통해 외부와 내부의 환경이 변화해도 변동이 일정 범위 내에서 유지되는 것이다. 이러한 항상성 조절은 자율신경계의 기능 및 호르몬 농도의 조절에 의해 이루어진다.

시상하부는 자율신경계나 내분비 기능을 조정함으로써 전신의 항상성을 유지하고 있다. 그러나 실제로는 체온이나 심장박동 수, 혈압, 호흡수 등은 항상 일정한 값으로 유지되고 있는 것이 아니라 그 환경에서 적절한 상태로 설정된다. 운동하거나 흥분하는 경우에 심장박동 수나 혈압이 오르는 것도 그 때문이다. 즉, 시상하부는 생체를 각각의 환경에 맞는 최적의 상태로 관리하는 중추인 것이다. 이러한 항상성의 개념을 확대한 해석을 항동성

homeodynamics이라 부른다.

이와 같이 시상하부는 항상성 중추이지만, 동시에 감정이나 본능적인 행동에도 관련되어 있다.

그리고 수면과 각성의 조절에 대해서도 중요한 역할을 하고 있다. 수면도 본능적 행동의 하나인 것이다. 단면을 계속하는 경우 시상하부의 항상성 유지 기구에 무리가 올 수 있음을 1장에서 언급하였다. 수면은 시상하부에 의해서 조절되지만, 반대로 시상하부의 기능에 있어서도 수면은 필수적인 것이다.

각성과 렘수면을 가져오는 뇌간에 의한 '대뇌의 활성화'

그러나 시상하부만으로 수면과 각성이 조절되는 것은 아니다. 수면과 각성은 뇌 전체에 미치는 상태의 변환이며, 이를 위해서는 시상하부로부터 작용을 뇌 전체에 전달하는 시스템이 필요하다. 이때 특히 중요한 것은 대뇌피질의 활동이다. 대뇌피질의 활동 상태에 변화를 일으키는 시스템은 뇌간에 있다. 뇌간은 대뇌에 붙어 있는 부분에 해당하며 시상하부는 바로 옆에 접하고 있다. 뇌간은 호흡이나 순환 등을 조절하는 중추이며 생명장치로서의 역할도 하

뇌의 구조

인간의 뇌는 그 무게가 1천300그램인 기관이다. 이것은 신체가 사용하는 총 에너지의 약 20퍼센트를 소비하는 사치스러운 장기이기도 하다. 그 에너지 안에서 약 80퍼센트는 세포휴지막전위restion membrane potential를 발생시키기 위한 펌프pump 작용에 사용되고 있다. 즉, 정보처리를 위해 대부분의 에너지를 쓰는 셈이다.

뇌는 계층 구조를 가지고 있다. 가장 안쪽에는 뇌간이라고 불리는 구조가 있다. 이것은 척수spinal cord와 연결되어 있고 아래에서부터 연수medulla oblongata, 다리뇌, 중뇌mesencephalon/midbrain가 있다. 뇌간은 말하자면 생명 유지 장치처럼 작동하며 순환 및 호흡 중추가 있다. 중뇌와 연결되고 대뇌 가장 깊은 곳에 위치하는 것이 시상하부다.

뇌 기능은 부위별로 역할 분담이 되고 있다. 이것을 '기능 국소화'라고 부른다. 대뇌피질도 부위에 따라서 특정 기능을 맡고 있다.

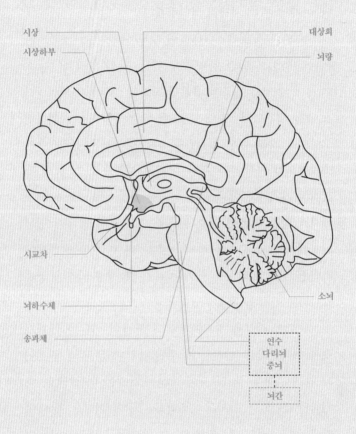

시상 ──────────
시상하부 ──────

대상회
뇌량

시교차 ──────

뇌하수체 ─────

송과체 ──────

소뇌

┌─────────┐
│ 연수   │
│ 다리뇌 │
│ 중뇌   │
└─────────┘
      ┆
┌─────────┐
│ 뇌간   │
└─────────┘

고 있다('뇌사'는 뇌간의 기능이 멈춰 버리는 것을 말한다). 이러한 뇌간이 뇌 전체를 활성화시키는 시스템은 수면과 각성을 이해하는 데 중요하다. 조금 복잡한 이야기가 되겠지만, 여기서 좀 더 자세히 설명하겠다.

1949년 노스웨스턴대학의 모루치Moruzzi와 매곤Magoun은 고양이의 뇌간 중앙부에 있는 '뇌간 망상체reticular formation'에 전기 자극을 가하면 잠자던 고양이가 깨어난다는 것을 발견했다(그림 3-2). 또한 뇌간 망상체를 파괴하면 고양이를 깨울 수 없게 되었다. 뇌간 망상체란, 신경섬유가 그물코처럼 가로, 세로로 교차되는 부분으로 그 안에 뉴런이 여기저기 흩어져 있다. 이러한 현상으로 그들은 뇌간에서 각성을 만들어 내는 중추가 있고 하위 중추에 있는 뇌간에서 상위 중추를 향해 신호를 내보냄으로써 대뇌에 자극을 보내고 각성을 만들어 내는 '상행성 뇌간 망상체 활성화계 가설'을 주장하였다(그림 3-3).

당시에 각성은 감각계에서의 자극이 뇌를 자극함으로써 일어난다는 '반사설'이 주된 생각이었던지라, 각성이 뇌 안에서 이루어진다는 이 학설은 그것을 뒤집어엎는 획기적인 것이었다. 당시의 생리학은 다양한 현상을 '반사'에 따라 설명하려던 셰링턴Sherrington 학파들의 생각이 주류였던 것이다.

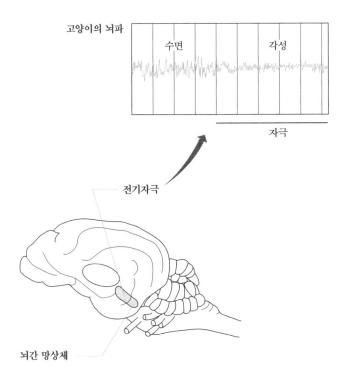

그림 3-2 ◎ 모루치와 매곤은 뇌간 망상체에 전기를 자극하면 잠들었던
고양이가 깨어난다는 사실을 보고하였다.

당연하게도 그만큼 많은 반론도 나왔다. 뇌간을 자극할 때는 감각계 경로를 자극하는 것이 분명하고, 파괴 실험에서 망상체를 파괴할 때, 감각계의 입력도 동시에 파괴해 버린 결과에 불과하다는 것이다. 그러나 이후 다양한 후속 연구가 이루어져 뇌간에 각성을 제어하는 중추가 있다는 것이 틀림없는 사실로 인정받게 되었다.

감각계 경로에 장애를 주지 않도록 조심스럽게 고양이의 뇌간 망상체만을 파괴해도 역시 고양이는 각성할 수 없게 되고 논렘수면과 비슷한 상태가 되는 것이다. 이것은 감각계로부터의 입력 자극input이 정상이더라도 뇌간 망상체가 파괴되면 각성할 수 없게 된다는 사실, 즉 뇌간 망상체는 각성을 위해 필수적인 부분임을 의미했다.

이후 프랑스의 생리학자 미셸 주베Michel Jouvet는 각성뿐만 아니라 렘수면을 일으키는 중추도 뇌간 망상체에 있다는 연구 결과를 발표했다. 주베는 먼저 고양이 뇌간의 뇌교 윗부분을 모두 절제해도 렘수면 시에 볼 수 있는 급속 안구 운동이나 근육의 이완이 관찰되는 것을 보여 주었다. 즉, 렘수면 중추는 대뇌가 아니라 뇌교에 있고, 여기에서 척수spinal cord를 향해 근육을 이완시키는 명령을 내리고 있다고 생각했다. 이후에 주베는 이 중추로부터 위쪽으로 대뇌를 향한 신호가 보내지는 것을 보여 주었다. 고양이

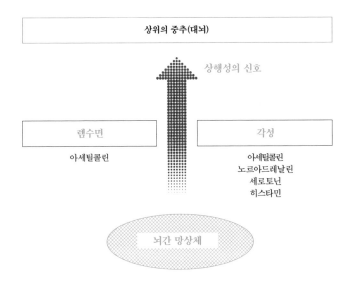

그림 3-3 ◎ 상행성 뇌간 망상체 활성화계의 이미지

에서는 '1. 뇌교 → 2. 외측슬상체(lateral geniculate body, 시각정보를 전달하는 시상의 일부) → 3. 시각영역으로의 신호 흐름(PGO파)'이 기록되어 뇌교에서 유래한 신호로 대뇌피질의 시각 영역에까지 정보가 전달되는 양상이 포착되었다. 결국 주베는 렘수면의 경우도 각성과 비슷하게 뇌간의 다리뇌에 있는 중추로부터 위쪽으로 대뇌피질이 활성화되는 것을 나타낸 것이다. 그 때문에 렘수면에서 각성과 유사한 뇌파가 기록되는 것이다.

이렇게 각성과 렘수면은 둘 다 '뇌간에 의해 상행성으로 작동해서 대뇌피질의 활성화'에 의해 일어난다. 논렘수면 시에는 이러한 상행성의 자극 시스템 활동이 정지하고 있다. 다시 말해, 각성과 렘수면은 뇌간으로부터의 자극으로 인한 대뇌피질의 활동이라는 점에서, 같은 '잠'으로 묶이는 논렘수면과 렘수면보다도 실은 각성과 렘수면 쪽이 더 많은 공통점을 보이는 것이다

그렇다면 각성과 렘수면의 차이를 만드는 것은 무엇인지 살펴보자.

앞에서 언급한 모루치와 매곤의 실험에서 소개되었던 '상
행성 뇌간 망상체활성화계'는 중요한 시스템이지만, 점점
이보다 더 상세한 메커니즘이 밝혀지고 있다. 우선 뇌간
안에서 각성을 조절하는 부분이 밝혀졌다. 그것은 몇 가지
'신경핵'으로(또는 단순히 '핵'이라고도 한다), 뉴런의 세포체
가 모여 있는 부분이다. 뇌간에는 몇 가지 특정 신경전달
물질(알아보기 5)을 만드는 뉴런이 모인 신경핵이 존재하는
데, 그중에는 깨어 있는지 수면 중인지에 대응하여 활동을
변화시키는 신경핵이 발견되고 있다.

　게다가 그 활동의 변화는 수면/각성의 전환보다 선
행해서 일어난다. 때문에 이러한 신경핵의 활동 변화의
영향이 수면이나 각성을 만들어 낸다고 보는 것이다. 또
한 수면과 각성의 전환에는 글루탄산염glutamate과 GABA
γ-aminobutyric acid 등의 신경전달물질neurotransmitter(알아보기
5)에 의해 이루어지는 통상의 신경 전달뿐만 아니라 뇌의
상태 전환에 관계된 두 가지 시스템도 관련된 것으로 밝혀
졌다. 하나는 '모노아민 작동성 시스템monoaminergic system'
이라 불리는 것이고, 다른 하나는 '콜린 작동성 시스템
cholinergic system'이라 불리는 것이다. 실제로 이 두 가지 시

신경전달물질

뇌에는 1천억 개의 뉴런이 존재하지만, 각각의 뉴런이 정보 교환을 하지 못한다면 정보를 처리하는 능력을 발휘하지 못한다. 뉴런은 다른 뉴런의 근방까지 축삭을 뻗어 세포체 또는 수상돌기에 시냅스를 만들어 접하고 있다. 그 시냅스와 다른 뉴런이 접하고는 있지만, 붙어 있는 것은 아니며, 정보 교환을 위해서는 특정한 물질을 이용한다. 상류에 해당하는 뉴런이 어떤 물질을 방출하면, 하류의 뉴런이 수용체라고 불리는 곳에서 그것을 감지한다. 이를 통해 하류의 뉴런이 흥분하거나 또는 억제된다. 이렇게 뉴런 간의 정보 교환에 사용되는 물질을 신경전달물질이라고 부른다.

신경전달물질에는 글루탐산염과 GABA 등의 아미노산이나 아드레날린adrenaline과 세로토닌, 도파민, 아세틸콜린 등의 생체아민biogenic amine 외에도 아미노산이 연결된 펩티드 등이 있다. 특히 뇌 등의 신경계에서 발견된 펩티드를 '신경펩티드'라고 부른다. 신경펩티드는 100종 안팎으로 존재하는 것으로 알려져 있지만, 미지의 펩티드가 존재할 가능성도 꽤 높다.

특정 신경전달물질을 주요 신호 전달에 이용하는 뉴런을 '~작동성 뉴런(~ergic neuron)'이라고 부른다. 예를 들어 글루탐산염을 신경전달물질로 이용하고 있는 뉴런은 '글루탐산염 작동성 뉴런glutamatergic neuron'이다. 또한 하나의 뉴런은 단 하나의 신경전달물질만 가지고 있는 것이 아니라 여러 개를 가진 것도 많다.

스템이 어떻게 활동하는가에 따라 각성, 렘수면, 논렘수면 이라는 세 가지 상태가 전환되는 것이다.

모노아민 작동성 시스템이란, '모노아민'이라고 불리는 물질을 만드는 뉴런(모노아민 작동성 뉴런: monoaminergic neuron)이 주요한 역할을 하는 시스템이다. 모노아민은 아미노산부터 카르복시기carboxyl group가 떨어진 형태를 기본형으로 하는 화학물질의 총칭으로, 뇌 안에서는 신경전달물질로서 작용한다. 주된 것으로는 노르아드레날린noradrenaline, 세로토닌serotonin, 히스타민histamine, 도파민dopamine 등이 있다.

이들 모노아민 중 노르아드레날린은 청반핵nucleus of locus ceruleus, 세로토닌은 봉선핵raphe nuclei(솔기핵)이라는 부분에 존재하는 뉴런이 만들고 있다. 이러한 핵은 모두 뇌간에 존재한다(그림 3-4). 또한 시상하부의 뇌간의 경계부에 있는 결절유두체핵tuberomammillary nucleus에는 히스타민을 만드는 뉴런이 있다. 이러한 신경핵은 대뇌피질에 광범위하게 뿌리를 내리는 것처럼 수많은 가지 형태로 축삭이 뻗어 있어 '광범위 투사계widespread cortical projections'라고 불린다. 즉, 뇌간의 작은 영역에서 시작된 정보가 축삭에 의해 뇌간 망상체를 통과하여 상행성으로 대뇌까지 도달하고 뇌 전체에 영향을 미치는 해부학적 구조를 가지고 있다.

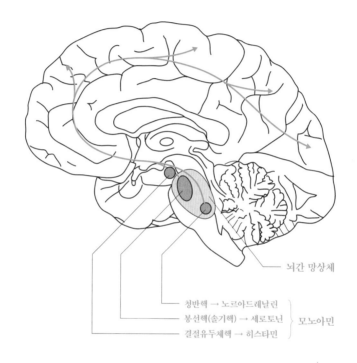

뇌간 망상체

청반핵 → 노르아드레날린
봉선핵(솔기핵) → 세로토닌   모노아민
결절유두체핵 → 히스타민

그림 3-4 ◎ 모노아민 작동성 뉴런

뇌 안에서 작용하는 가장 주요한 신경전달물질에는 글루탐산염과 GABA가 있다(모두 아미노산계 신경전달물질). 반면, 모노아민계의 신경전달물질은 훨씬 작용 시간이 느리고 지속적이다. 왜냐하면 아미노산계 신경전달물질의 수용체는 그것 자체가 이온 채널이며 글루탐산염과 GABA가 작용하면 즉각 그 뉴런에 전기적 변화가 일어나는 데 반해, 모노아민계의 물질은 수용체에 작용한 후에 G 단백질G protein이라는 분자를 통해 세포 내에서 대사적 변화를 일으키고 그 결과로 전기적 변화가 일어나기 때문이다. 그리고 신경전달물질을 만드는 뉴런의 형태와 기능도 특수하다. 예를 들어, 글루탐산염을 만드는 뉴런(글루탐산염 작동성 뉴런)의 시냅스는 수상돌기의 수상돌기 가시dendritic spine에서 만들어진다. 그 주위를 '별아교세포astrocyte'라 불리는 신경교세포가 뻗은 가시를 둘러쌈으로써 글루탐산염은 매우 국소적으로 작용하게 된다. 이렇게 함으로써 다른 뉴런에 '정보 누출'을 방지하고 정확성을 높이는 것이다. 그에 반해 모노아민을 신경전달물질로 하는 뉴런(모노아민 작동성 뉴런)에서는 축삭의 말단에 여러 개의 구슬 모양의 모노아민이 있는 시냅스 소포를 다수 가지고 있으며, 그 시냅스 소포에서 모노아민이 분비된다. 이를 통해 글루탐산염 작동성 뉴런과는 대조적으로 축

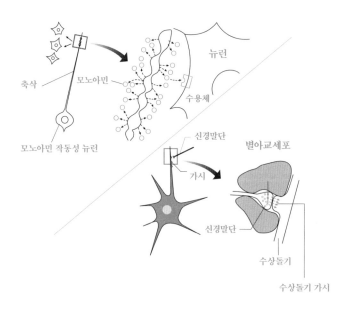

축삭

모노아민

뉴런

수용체

모노아민 작동성 뉴런

신경말단

별아교세포

가시

신경말단

수상돌기

수상돌기 가시

그림 3-5 ◎ 글루탐산염 작동성 뉴런(우)과 모노아민 작동성 뉴런(좌)의
정보 전달 방식의 차이

삭 주위의 여러 개의 뉴런에 영향을 줄 수 있다. 이런 전달 방식을 부피전달volume transmission(부피전도)이라 한다.

이러한 특징으로 모노아민 작동성 뉴런은 작은 영역에서 발생한 정보를 뇌의 광범위하게 퍼져 있는 뉴런에 전달할 수 있다. '정보 누출'을 막는 것이 아니라 오히려 이 넓은 범위의 뉴런에 같은 정보를 동시에 보내도록 하는 시스템이다. 글루탐산염 작동성 뉴런이 e메일처럼 특정 개인을 향해 정보를 발신한다고 비유한다면, 모노아민 작동성 뉴런은 관내 방송 같은 정보 전달 방식을 취하고 있는 셈이다. 이러한 작용에 의해 뇌 전체의 작동 상태를 전환할 수 있는 것이다. 모노아민 작동성 뉴런이 '각성' 상태를 만들어 내는 것도 이러한 작용으로 이루어지는 것이다. 덧붙여, 다양한 각성제가 모노아민 작동성 뉴런의 작용에 영향을 준다. 이 점에서도 모노아민 작동성 뉴런이 작용하는 시스템(모노아민 작동성 시스템)이 각성과 관련이 깊다는 것을 유추할 수 있다.

콜린 작동성 시스템으로 시작되는 렘수면

지금부터는 두 번째 시스템인 '콜린 작동성 시스템cholinergic system'을 알아보자. 이것은 '아세틸콜린'이라고 불리는 뇌 안의 물질을 가진 뉴런(콜린 작동성 뉴런)이 주된 역할을 하는 시스템이다. 이 뉴런은 뇌간의 다리뇌에 있는 등쪽외측피개핵lateral dorsal tegmental nuclei; LDT(N)(외배측덮개핵)과 대뇌각교뇌피개핵pedunculopontine tegmental nuclei; PPT(N)(대뇌다리다리뇌덮개핵)이라는 신경핵에 존재한다. 콜린 작동성 뉴런도 모노아민 작동성 뉴런과 비슷하게 뇌 안에 광범위한 영향을 미치는 시스템을 가지고 있다. 콜린 작동성 뉴런은 시상에 많이 투사를 하고, 시상을 통하여 뇌 전체에 영향을 미친다. 그리고 모노아민 작동성 시스템과 콜린 작동성 시스템 활동의 조합이 변화함으로써 각성, 논렘수면, 렘수면의 전환이 일어나는 것이다.

각성 때에는 모노아민 작동성 시스템과 더불어 콜린 작동성 시스템을 포함한 모든 광범위투사계가 활동하고 대뇌피질을 활성화한다(그림 3-3). 그에 반해, 논렘수면에서는 이들 시스템의 활동이 저하되고 대뇌활성화도 멈춘다. 특수한 상황이 나타나는 것은 렘수면 때다. 모노아민 작동성 뉴런은 논렘수면 때보다도 한층 더 발화 빈도가 줄어들고 활동을 거의 완전하게 멈추게 된다. 반면에 콜린 작동성 뉴런에 의해서 대뇌피질이 강력하게 활성화된다. 렘수면 시 뇌의 특정 기능이 발휘되는 것은 이런 작용에 의해서라고 생각된다. 보충하면서 다시 한번 반복하자면, 각성은 모노아민 작동성 시스템과 콜린 작동성 시스템이 동시에 활동함으로써 대뇌피질의 광범위한 부분이 자극되어 일어난다. 논렘수면은 모노아민 작동성 시스템이나 콜린 작동성 시스템의 활동이 저하된 상태이며, 그 때문에 대뇌피질은 광범위한 활동이 저하되고 만다. 렘수면에 들어가면 모노아민 작동성 시스템은 완전히 활동을 정지하지만 각성 때와는 다른 패턴으로 콜린 작동성 시스템이 강하게 대뇌피질을 활성화한다. 이때, 전전두엽피질의 일부(배외측전전두피질) 등은 기능이 저하된 채로 있기 때문에 의식은 각성 때처럼 또렷하지 않고 수면 상태인 채로 있다. 바꿔 말하면, 전전두엽피질을 활성화하기 위해서는 모노아민의 작용이 필요하다고 생각된다.

참고로 모노아민 작동성 시스템은 체온조절 등에도 필요한 시스템이며, 이 기능이 멈추어 있을 때는 렘수면 중에 체온조절 기능이 거의 정지되어 있는 것과도 관계가 있다. 눈이 쌓인 산에서 조난을 당했을 때와 같은 체온을 충분히 유지할 수 없는 상태에서 렘수면에 빠져 있는 것은 생명에 위험을 초래할 수 있다.

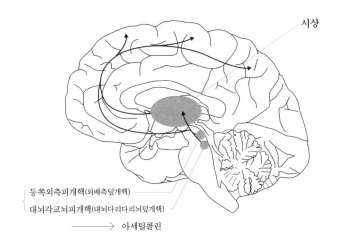

시상

등쪽외측피개핵(외배측덮개핵)
대뇌각교뇌피개핵(대뇌다리다리뇌덮개핵)
───────→ 아세틸콜린

그림 3-6 ◎ 콜린 작동성 뉴런

수면·각성 단계	모노아민 작동성 뉴런	콜린 작동성 뉴런 ①●	콜린 작동성 뉴런 ②
각성	◎	◎	✖
논렘수면	△	△	✖
렘수면	✖	◎	◎

◎ - 활발히 발화(수Hz), △ - 활동저하(<1 Hz), ✖ - 정지

표 3-1 ◎ 각 단계에서 두 가지 시스템의 활동

● 콜린 작동성 뉴런에는 각성과 렘수면 양쪽 모두에서 활동하거나(①), 렘수면 중에만 활동하는(②) 두 가지 활동 패턴이 있다.

그러면 수면/각성에 관계하는 이들 두 가지 시스템은 무엇으로 조절되고 있을까? 실은 뇌간이 만들어 낸 두 가지 시스템을 조절하는 것인데, 앞서 말한 시상하부에 있는 시스템이다.

시상하부가 뇌간의 바로 위에 위치하고 있다는 것은 앞서 언급했다. 이보다 중요한 것은 시상하부의 앞부분, 특히 시각교차앞구역 부분에 있는 수면을 유도하는 시스템인 수면중추다. 이곳은 폰 에코노모가 '불면'을 일으키는 부위로 발견한 부분에 해당한다. 수면중추에는 수면 시에만 발화하는 뉴런(일명 수면뉴런)이 존재한다. 이 뉴런은 억제성 신경전달물질인 GABA를 가진 GABA 작동성 뉴런이며 각성을 유도하는 뇌간의 모노아민/콜린 작동성 뉴런을 강하게 억제한다. 반대로 모노아민/콜린 작동성 뉴런은 시각교차앞구역의 수면뉴런을 억제한다. 즉, 수면을 만들어 내는 시스템과 각성을 만들어 내는 시스템은 서로 억제하는 관계에 있다.

'각성'이라는 상태와 '수면'이라는 상태는 혼재하는 일이 없이 서로 전환되고, 기본적으로 독립적이다(단, 7장에서 보듯 병적 상태에서는 수면과 각성 상태가 혼재하는 일이 있다). 그것은 이 메커니즘에 의해서 엄밀하게 전환되고 있기 때문이다. 즉, 수면 상태가 될지 각성 상태가 될지는 시각교차앞영역의 '수면 시스템'과 뇌간의 '각성 시스템'(모노아민 작동성 시스템과 콜린 작동성 시스템)의 세력 관계에 의해서 결정된다.

이해를 돕기 위하여 시소에 비유해 보자. 시소의 한쪽에는 수면 시스템, 시각교차앞구역의 GABA 작동성 시스템이 타 있다고 상상해 보자. 그리고 반대쪽에는 각성 시스템인 뇌간의 모노아민/콜린 작동성 시스템이 타고 있다(그림 3-7). 여기에서 각각의 시스템 활동 강도는 각각의 시스템 무게에 비유된다. 어느 한쪽의 무게가 다른 쪽의 무게보다 많이 나가면 각성 또는 수면이 초래되는 것이다. 앞으로는 이러한 '수면 시스템'과 '각성 시스템'의 균형을 바탕으로 설명하겠다.

각성이 발생하는 구조

각성은 시소가 각성 쪽으로 기울어져 있다고 말할 수 있다. 그렇다면 '각성 시스템', 즉 뇌간의 모노아민 작동성 시스템과 콜린 작동성 시스템은 대뇌에 어떤 작용을 하여 각성 상태를 만들어 내는 것일까?

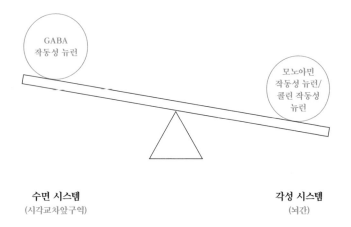

수면 시스템
(시각교차앞구역)

각성 시스템
(뇌간)

그림 3-7 ◎ 수면과 각성의 전환은 시소에 비유된다.
수면 시스템인 시각교차앞구역의 GABA 작동성 뉴런과
각성 시스템인 뇌간의 모노아민/콜린 작동성 뉴런이 서로 억제하는 관계에 있다.

사람 뇌의 대뇌피질(알아보기 6)은 두께가 1.5~4.5밀리미터 정도이고, 주름을 펴서 평면으로 넓이를 잰다면 2천 제곱센티미터 정도의 면적이다. 이는 거의 신문지 한 면의 면적과 같다. 그리고 대뇌피질은 6층의 구조를 가지고 있다. 이 6층 구조를 구성하는 것은 방대한 수(약 140억 개)의 뉴런이다. 대뇌피질의 뉴런에도 여러 가지 종류가 있지만, 대뇌피질이 연산한 정보를 출력하는 것은 추체세포 pyramidal cell라고 불리는 큰 형태의 뉴런이다.

뇌는 고도로 역할이 분화되어 있고 부위별로 다양한 기능이 있다. 깨어 있을 때에는 이러한 여러 가지 기능이 통합되면서 다양한 영역에 걸쳐 활발하게 정보를 교환한다. 그 때문에 각성 시의 추체세포는 제 각기 각자 발화하고 있다. 따라서 2장에서 언급한 바와 같이 낮은 진폭의 빠른 뇌파가 기록되는 것이다. 뇌파 측정은 이 추체세포의 발화 상태를 관찰하는 것이고, 하나하나 세포의 발화가 제각기 다른 시기에 일어나면 전압은 서로 상쇄되기 때문에 낮은 진폭이 되고 또한 활발히 활동하고 있기 때문에 빠른 뇌파가 기록될 것이다.

논렘수면에 들어가면 추체세포는 발화를 멈추는 순간과 방대하게 발화하는 순간을 동기화 synchronization하여 이를 반복한다. 잠이 깊어질수록 발화는 동기화해 나간다. 이 동기화에는 추체세포와 시상 사이에 정보를 주고받는 고리가 기능하고 있는 모양이다. 그 결과 추체세포에 발생하는 전기 활동이 모이기 때문에 기록된 뇌파는 전위가 커지게 되고 주파수는 완만하게 된다.

이처럼 대뇌피질의 활동이라는 점에서 보면 각성이라는 것은 뇌의 각 부위가 다양한 정보를 처리하기 위해 활발하게, 한편으로는 제각기 활동하는 상태라고 할 수 있다. 제각기 활동하면 의미가 없다고 생각할 수도 있겠지만 여기서 말하는 '제각기'라는 것은 활동하는 시기(타이밍)가 많고 다양하다는 의미로 막대한 양의 정보를 처리하기 위해서 그렇게 되어 있는 것이다.

좀 더 자세히 말하면, 대뇌피질은 '칼럼column'이라는 기능 단위로 이루어져 있다. 하나의 칼럼은 만 개의 뉴런을 포함하며, 원주 내지 직육면체 모양을 하고 있다. 각성 시에는 다양한 칼럼이 정보를 주고받으면서 처리하기 위해 다양한 시기에 발화하고 있다고 해도 무방하다. 이른바 모노아민 작동성 시스템과 콜린 작동성 시스템은 대뇌피질 추체세포 '좌우의 연결'을 억제(동기화 없이 뿔뿔이 흩어진다)함으로써 각각이 기능을 최대한 발휘할 수 있게 한다. 그 결과 각성이 발생하는 것이다.

반대로 수면은 '수면 시스템'과 '각성 시스템'의 균형이 수면 시스템 측으로 기울어진 상태다. 그럼 무엇이 수면 시스템의 활동을 자극하고 수면 쪽으로 균형이 기울도록 하는 것일까? 여기에서 잠시 일상적인 '수면'을 생각해 보자. 당신이 매일 건강한 수면을 취하고 있다면 잠의 소중함을 실감하는 일은 드물 것이다. 만약 당신이 잠의 소중함을 깨닫는다면, 아마도 그 순간은 잠을 이루지 못하고 밤을 지새운 다음날일 것이다. 또한 평소 수면장애를 가진 사람이라면 매일 취하는 잠의 소중함을 더욱 절감할 것이다.

잠자는 시간, 혹은 수면의 질이 충분하지 않다면 그 '부채'는 다음 날에 오게 된다. 수면이 부족한 날은 어떤 일에도 집중하기가 어렵고 활기 없는 하루를 보내게 된다. 우리는 자신의 수면을 제어하는 데 한계가 있다. 의지력으로 하루쯤은 잠을 참을 수 있겠지만, 결국 잠을 전혀 자지 않고 지낼 수는 없다. 또 수면부족인 다음 날에는 더욱 더 졸음이 쏟아진다. 이것은 잠이 우리에게 매우 중요한 역할을 하고 있음을 시사한다. 그렇다면 이토록 중요한 잠을 청하기 위해 뇌 안에서 어떤 일이 일어나고 있는 것일까?

대뇌피질

대뇌피질^{cerebral cortex}은 뇌의 가장 표층에 있는 조직으로 대뇌 전체를 뒤덮고 있다. 대뇌피질에는 잘 알다시피 많은 '주름'이 있는데 이를 '뇌구^{腦溝, sulcus}(고랑)'라고 한다. 고랑은 한정된 용적의 두개골 속에서 대뇌피질의 표면적을 늘리기 위한 구조다. 이 주름을 펼쳐 보면 표면적은 2천 제곱센티미터 정도로, 신문지를 펼쳤을 때 약 한 면 정도의 면적이 된다. 두께는 위치마다 다르지만 1.5밀리미터에서 4.5밀리미터 정도다. 이 두께 안으로 6층의 구조가 있다.

대뇌피질에는 기능적인 단위로 칼럼 구조(기둥 구조)가 있다. 6층 구조는 표면에 평행한 구조지만, 칼럼 구조는 표면에 수직이다. 대뇌피질의 다양한 부분에서 나타나는 칼럼 구조는 어떤 특정 정보를 처리하기 위한 구조, 즉 모듈 형태로 존재한다고 간주된다. 하나의 칼럼에 수만 개의 신경세포가 포함되어 특정 기능을 담당하는 뉴런으로 이뤄져 있다. 특히 시각 정보가 가장 먼저 도착하는 대뇌피질 일차시각 영역에서 칼럼 구조를 가장 자세하게 연구할 수 있다.

또한 대뇌피질에서는 기능이 분명하게 국소화되어 있다. 예를 들어, 전두엽의 뒤쪽에는 운동을 관장하는 영역이 있고, 앞쪽에는 대뇌 전체의 기능을 총괄하는 전두엽이 있다. 두정엽의 앞부분에는 체성감각을 담당하는 영역이 있고, 후두엽은 시각에 관련된 영역이, 측두엽에는 청각과 관련된 영역이 있다. 이렇게 부위에 따라 특정 기능을 가지고 있는 것이 대뇌피질의 큰 특징이다.

원시적인 식물인 남조류에서 포유류에 이르기까지 지구상의 생물 대부분은 대개 24시간의 신체리듬을 갖고 있다. 이를 일주기 리듬circadian rhythm이라고 한다. 일주기 리듬을 갖는 것은 생물이 가지고 있는 체내시계(알아보기 15)가 있다는 것이다. 체내시계는 인간 등 포유류의 경우 뇌의 시상하부의 일부인 '시교차상핵suprachiasmatic nucleus; SCN(그림 3-8)'에 있는 것으로 알려져 있다(실제로는 생식 세포를 제외한 모든 세포가 시계를 가지고 있는 것으로 알려져 있지만, 시교차상핵의 세포에서 발신되는 신호를 표준 시간으로 전신의 시계를 동조시키고 있다).

체내시계는 약 24시간 주기로 맞춰져 있지만 매일 아침이 되면 망막으로부터 들어온 빛의 정보가 시교차상핵에 전달됨에 따라 시각이 수정된다. 이것을 '광동기화'라고 부른다. 또한 이 체내시계의 메커니즘은 내분비호르몬에 의해 제어된다. 시교차상핵을 제어하는 대표적인 호르몬으로는 송과체(솔방울샘)에서 분비되는 멜라토닌이 있다. 송과체의 멜라토닌 생산은 시교차상핵이 지배하고 있으며, 멜라토닌 분비는 밤에 나타난다. 멜라토닌의 시교차 상핵으로의 작용은 피드백 시스템 중 하나이며, 이 메커니즘에 의해서도 체내시계가 정확하게 기능하도록 제어되고 있는 셈이다.

　사람들 대부분이 밤에 잠을 자고 낮에는 깨어 있는 생활을 하고 있을 것이다. 이러한 점에서 수면을 취하는 휴식기와 깨어 있는 활동기가 체내시계에 의해서 제어된다고 생각하는 것은 자연스러운 일이다. 그러나 실제로는 꼬박 밤을 새우거나 휴일 동안 오후까지 잠을 길게 자기도 한다. 우리는 체내시계의 지배를 넘어서 유연하게 수면을 취하거나 반대로 취하지 않을 수도 있는 것이다. 우리의 수면을 좀 더 관찰해 보면, 졸음의 출현과 수면의 깊이는 수면 직전까지 각성기의 길이와 심신의 피로도에 영향을 받는다. 이러한 현상을 개념적으로 설명하기 위해 '수면부채(또는 수면압력)'라는 개념이 생겨났다. 잠에서 깨어 심신이 활동하고 있으면 수면부채는 점점 늘어난다. 수면을 취하지 않는 시간만큼 부채를 지고 있는 셈이다. 밤샘을 하거나 수면부족이 되면 평소보다 수면부채가 커진다. 그렇게 되면 잠을 오랫동안 깊게 잠으로써, 수면부채를 반드시 갚아야만 한다. 그러나 이 수면부채가 실제로는 어떤 메커니즘인지, 혹은 무슨 물질인지는 명확하게 알려져 있지 않

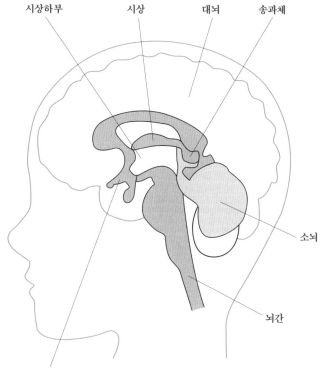

시상하부　　　시상　　　대뇌　　　송과체

소뇌

뇌간

시교차상핵
시교차상핵에는 체내시계가 있고, 수면과 각성, 체온,
호르몬 분비 등의 체내리듬 신호를 발신한다.

그림 3-8 ⓒ 시교차상핵

3장 | 수면과 각성을 전환시키는 뇌 구조

다. 다만 뇌 안에서 '수면물질', 즉 수면을 유도하는 물질이 축적되는 것과 관계가 있다는 가설이 있다.

1982년 스위스 수면연구자 보어베이Alexander Borbély는 이러한 생각들을 종합하여, 수면인지 각성인지는 체내시계로부터의 신호와 수면부채의 균형에 의해 결정된다는 주장을 하였으며 이를 'Two process model'이라고 명명했다(그림 3-9). 수면부채는 잠을 자는 것으로만 갚는 것이 가능하다. 다시 말해, 잠을 자야 졸음이 해소된다. 이외의 방법으로 해소하는 것은 지금까지 알려져 있지 않다.

그렇다면 이 수변부채는 도대체 무엇일까? 20세기 초 일본의 이시모리 쿠니오미石森國臣와 프랑스의 앙리 피에론Henri Piéron은 비슷한 시기에 각자 독립적인 실험을 통해 '단면 중에 수면물질이 뇌 안에 축적된다'는 것을 밝혔다. 오랫동안 잠을 자지 않도록 수면을 박탈시킨 개의 뇌척수액을 다른 개의 뇌 안에 투여하자 투여된 개가 잠이 드는 것을 발견했다. 이것은 단면 중에 뇌 안에 축적되는 물질, 즉 수면물질의 존재를 시사하는 것이었다. 그들은 '각성 중에 축적되는 수면물질이 잠의 원인'이라고 생각했다.

그 후 1세기 동안 약 30종에 달하는 수면유도 작용을 나타내는 물질이 보고되었다. 특히 일본에서는 수면물질에 대한 연구가 활발히 이루어졌으며, 도쿄대학의 이노

통상 수면, 각성리듬

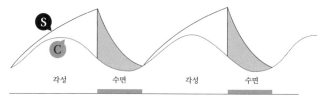

각성   수면   각성   수면

40시간 수면을 박탈시킨 상황의 수면, 각성리듬

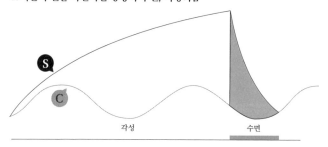

각성   수면

그림 3-9 ⓒ 'Two process model'에는 수면부채(S)와
체내시계에서의 각성신호(C)의 두 가지 요인을 고려한다.
(C)는 뇌의 각성 시스템에도 자극을 주어서 낮 동안의 각성을 유지한다.
한편, (S)는 각성이 오래 계속될수록 뇌 안에 축적되어 간다.
이 (C)와 (S)의 상대적인 관계로 인해 그림 3-7의 시소가 수면/각성 중
어느 한쪽으로 기울게 된다.

우에 쇼지로井上昌次郞 교수의 연구팀과 교토대학의 하야이시 오사무早石修 교수의 연구팀을 중심으로 왕성하게 연구가 진행되었다. 현재에 이르기까지 실제로 결정적인 수면물질은 발견되지 않았지만, 아래에서 언급할 몇 가지 물질은 수면물질로서 연구가 계속되고 있다.

하야이시 연구팀이 발견한 수면물질인 '프로스타글란딘 D2prostaglandin D2; PGD2'는 뇌를 덮고 있는 거미막(연막)에서 만들어진다. 프로스타글란딘 D2는 처음에는 체온을 낮추는 물질로 생각되었지만, 거미막에서 생성된 프로스타글란딘 D2가 막 아래를 채우고 있는 뇌척수액을 통해서 전뇌기저부basal forebrain로 옮겨지고, 또 한 가지 유력한 수면물질 후보인 '아데노신'을 방출하고 있었다. 아데노신은 시각교차앞영역의 수면을 유도하는 뉴런에 작용해서 졸음이 유도되는 것이다. 수면뉴런이 활동을 시작하면 그림 3-7에서의 시소가 수면 쪽으로 기울어 수면이 시작된다. 이것에 의해 모노아민 작동성 뉴런과 콜린 작동성 뉴런, 즉 각성 시스템의 활동이 약해지고 대뇌피질의 활성화도 약해질 것이다. 또한 수면은 몸 상태에 따라 강한 영향을 받는다. 감기에 걸렸을 때 평소보다 졸린 것을 누구나 경험한 적이 있을 것이다. 바이러스에 감염되면 면역 반응이 일어나는데 그때 생산되는 인터루킨-1interleukin-1도 수면을 유도하는 물질로 생각되고 있다. 이 물질도 프로스타글란딘 D2의 생성에 관여한다.

이 중에서 수면물질로 가장 유력한 아데노신에 대해 알아보자. 뇌 안에서 아데노신의 농도는 수면 시보다 각성 시에 높다. 그리고 각성이 유지되면 농도가 점점 높아진다. 많은 신경전달물질이 분비될 때, ATP^{adenosine triphosphate}(아데노신 삼인산)라는 물질이 일제히 방출되는데, 이 ATP가 분해되어 아데노신이 되기 때문이다. 그 외에도 뉴런의 기능을 유지하는 신경교세포도 아데노신을 만든다. 그리고 수면 중에 아데노신은 점차 감소한다. 이러한 점에서도 '수면부채'와 아데노신의 동태가 부합한다. 물레방아에 비유해서 설명하자면, 일정 무게 이상의 물이 물레방아 상단부에 고여 움직일 정도가 되어야 수면 쪽으로 물레방아가 돌아간다고 생각해 보자. 그전까지 물레방아 상단부에 물이 점점 고여 늘어나고 있을 것이다. 여기서 물에 해당하는 것이 바로 아데노신이다. 이 비유처럼 수면의 시점을 결정하는 하나의 요소는 얼마나 오랫동안 깨어 있었는지를 반영하는 뇌 안의 아데노신 농도로 생각된다.

그러나 뇌 안에는 더욱 정밀한 시계인 체내시계가 있다. 시교차상핵은 거의 정확히 24시간의 리듬으로 맞춰져 있다. 물레방아의 물에 비유한 수면부채는 이에 비해서 개략적인 시계 장치라고 할 수 있다. 체내시계는 각성을 일으키는 데에 중요한 작용을 한다. 즉 수면의 시점을 정하는 것은 체내시계에 의한 정확한 시간 측정과 수면부채에 의한 측정 두 가지의 균형으로 이뤄진다. 아데노신은 시각교차앞구역, 특히 복외측시각교차전핵ventrolateral preoptic nucleus; VLPO이라는 영역에 있는 GABA 작동성 뉴런을 자극한다. 이 뉴런은 앞에서 말한 바와 같이 각성을 일으키는 뇌간의 모노아민 작동성 뉴런과 콜린 작동성 뉴런, 바꿔 말하면, 각성을 촉진하는 뉴런군에 투사하여 이들을 강하게 억제한다. 이러한 메커니즘에 의해 수면이 유도된다.

지금까지 살펴본 바와 같이 아데노신이 수면물질의 유력한 후보인 것은 틀림없다. 그러나 이에 반하여 다음과 같은 강력한 반대 주장의 근거도 있다. 유전자 조작으로 시각교차앞구역에 존재하는 아데노신 A2A 수용체에 결손이 생긴 마우스가 거의 정상적으로 잠을 자는 것이다. 이것은 수면이 매우 중요한 기능이기 때문에 다른 시스템을 사용하여 잠을 자는 것이라고 생각되고 있지만, 어쨌든 아데노신만으로 수면부채가 설명되는 것이 아님은 분명하다.

더불어 수면부채의 실체는 뇌척수액 안의 물질 등이 아닌 대뇌피질의 뉴런 자체의 질적 변화라는 주장도 있다. 앞에서도 언급했듯이 수면의 깊이는 뇌 전체가 아닌 국소적으로 제어되는 것이 최근에 알려졌다. 즉, 깨어 있을 때 많이 사용한 뇌의 영역일수록 더 깊은 수면이 나타나는 것이다local sleep. 이 현상은 뇌척수액 안의 수면물질 축적으로는 설명될 수 없다. 수면물질은 뇌 전체에 영향을 미칠 것이기 때문이다.

지금까지 이 장에서는 뇌간에서 시작되는 모노아민 작동성 시스템과 콜린 작동성 시스템에 의해 각성이 어떻게 유지되는지 알아보았다. 또한 시각교차앞구역에 존재하는 GABA 작동성 뉴런의 작용에 의해 이러한 시스템이 억제되어 수면이 유도되는 것과 렘수면은 콜린 작동성 시스템에 의한 대뇌의 강력한 활성화로 일어난다는 것도 이해했으리라 짐작한다. 그러나 여기에서 언급한 시스템만으로는 정상적인 수면/각성 상태를 유지할 수 없다. 실제로 그 제어에는 결정적으로 중요한 특정 물질을 빼놓을 수 없다. 20세기 말, '오렉신'이라는 뇌 안의 물질이 발견되면서 수면/각성 제어 시스템에 대한 설명이 비약적으로 발전했다. 다음 장에서는 오렉신의 발견과 기능을 분석함으로써 밝혀진 사실에 관하여 다루겠다.

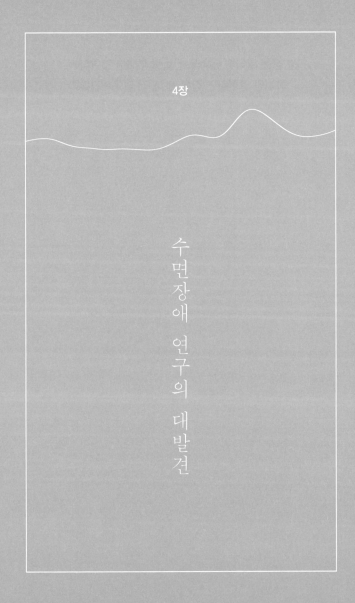

4장

수면장애 연구의 대발견

각성을 일으키는 물질, '오렉신'의 중요한 역할

"잠은 일하지 않아도 신들이 부여한 것이다.
하지만 일한다면 잠은 세 배 더 달콤해진다."

-

부어스트^{Wurst}

오렉신의 발견

1996년 나는 텍사스대 하워드 휴즈 의학연구소Howard Hu-
ghes Medical Institute; HHMI에 있었다. 엔도텔린endothelin이라는
혈관 수축성 펩티드의 생리 기능에 대해, 그 발견자이자
나의 대학 선배인 야나기사와 마사시柳沢正史 교수의 지도
아래 연구를 해 오고 있었다. 한편으로 당시에 필자는 때
마침 연구자로서 앞으로의 인생을 생각해야 할 때이기도
했다. 엔도텔린은 야나기사와 교수가 발견한 것으로, 그 영
역에서는 아무리 연구를 해도 연구 성과를 쌓아 올리기
어려웠다.

'게놈 프로젝트genome project'라는 말이 나왔을 무렵이

었다. 나는 야나기사와 교수의 지도를 받아 게놈에서 얻은 정보를 바탕으로 새로운 생리활성을 가진 '펩티드'를 찾는 연구도 병행하게 됐다. '펩티드'는 아미노산 몇 개가 이어진 것이다. 그 가운데 세포 사이의 정보 전달을 담당하는 물질을 '생리활성 펩티드'라고 부르며 엔도텔린도 그중 하나다.

생리활성 펩티드는 아미노산 배열에 따라 다양한 기능을 담당하고 있다. 뉴런은 각각 신경전달물질(알아보기 5)이라고 불리는 정보전달물질을 가지고 있고, 펩티드를 신경선날물실로 사용하는 뉴런도 많이 있다. 신경전달물질 또는 신경조절물질로서 작용하는 생리활성 펩티드를 '신경펩티드neuropeptide'라고 부른다. 신경전달물질에는 지금까지 등장했던 글루탐산염과 GABA 등의 아미노산 신경전달물질이나 노르아드레날린과 세로토닌, 도파민 등의 모노아민계 신경전달물질이 있지만, 신경펩티드 역시 뇌에서 중요한 역할을 수행하고 있다. 특히 시상하부나 대뇌변연계에는 많은 종류의 신경펩티드가 존재한다. 우리는 기업과의 공동 연구를 통해 기업이 모은 데이터베이스에서 발견된 수용체 유전자 정보를 바탕으로 다양한 수용체에 대응하는 신경펩티드를 쥐의 뇌에서 탐색하였다.

그때까지 생리활성 펩티드 발견을 위해서는 혈관 수

축 등 모종의 생리적 반응을 지표로 하였다. 거기에 대응하는 수용체는 후에 발견되었다. 하지만 우리는 많은 유전자 정보 중에서 미지의 수용체 유전자를 먼저 찾아내고 이에 대응하는 펩티드를 찾아내는 방법을 개발했다. 이것은 당시로서는 완전히 새로운 방식이었다. 이러한 작업을 거쳐 처음으로 정제할 수 있었던 것이 나중에 우리가 '오렉신orexin'이라고 이름 붙인 신경펩티드였다. 고생 끝에 오렉신의 완전 정제에 성공한 것은 1996년 8월이 끝날 무렵의 어느 날 새벽 4시경이었다. 새벽까지 잠을 청하지도 않은 채 펩티드 활성이 예사롭지 않음을 감지하고는 벅찬 감정이 엄청나게 고양되는 것을 경험했던 것으로 기억한다. 지금 생각해 보면 바로 그 '고양감高揚感'도 틀림없이 오렉신에 의한 작용이었다. 우리는 오렉신이 시상하부의 섭식중추에 국소화되어 있다는 것을 발견하고 오렉신을 동물에 투여하여 섭취량이 현저히 증가되는 것을 밝혀냈다.

이를 근거로 오렉신이 식욕의 조절에 관여한다고 생각했다. 부연하면, 오렉신은 그리스어로 '식욕'을 의미하는 'orexis'에서 유래한다. 이렇게 우리는 오렉신을 유전자 정보로부터 알아낸 수용체에 작용하는 신경펩티드로서 처음으로 동정identification하였다. 그러나 통상처럼 생리활성을 바탕으로 동정을 하는 순서가 아니었기 때문에 생리활

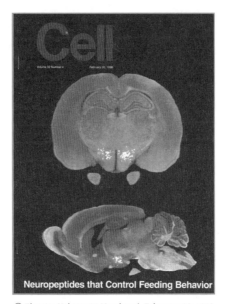

© Elsevier Volume 92 Number 4, February 20, 1998

그림 4-1 ◎ 오렉신 발견을 전하는 미국 생물학 전문지 『셀Cell』의 표지

성을 분명하게 밝히고 난 이후에 오렉신을 공표하자고 생각했다. 구체적으로는 오렉신 유전자에 결손이 생긴 마우스에 어떤 이상이 발생하는지 확인하고 나서 공표할 예정이었다. 현재에는 ES세포Embryonic Stem cells의 유전자를 조작하여 특정 유전자에 결손이 생긴 마우스를 만들어 해석하는 것이 특정 유전자의 기능을 밝히기 위한 일반적인 방법이다. 하지만 그 당시 상황이 여의치 않았다. 미국의 스크리프스scripss 연구소 팀이 오렉신과 비슷한 물질을 코드code하는 mRNA(messenger-RNA, 유전자로부터 단백질 정보를 전달하는 분자)를 '시상하부에 특이적으로 발견되는 유전자'로서 동정하고 발표하려고 한다는 정보가 들어왔던 것이다. 그들은 이 유전자에 코드화된 물질을 '히포크레틴hypocretin'이라고 이름 붙였다고 한다. 따라서 우리는 최대한 서둘러야 했고, 1998년 2월 오렉신을 공표하게 되었다.

당시 섭식 행동의 신경과학적 메커니즘에 관하여 연구자의 관심이 쏠리고 있었다. 또한 그 동정 방법이 참신하여 오렉신은 매우 크게 주목을 끌었다. 그리고 우리가 개발한 수용체의 정보를 바탕으로 새로운 생리활성 펩티드를 찾아내는 방법을 세계 유수의 연구기관과 기업이 채택하게 되었다. 그러나 얼마 지나지 않아 오렉신의 연구가

유전자조작 동물

현재 생물학 연구에서는 유전자조작 동물^{genetically modified animal}을 활용하는 것이 필수적이다. 주로 사용되는 동물은 마우스다. 마우스는 번식하는 속도가 빠르고 유전적으로 균일하다는 장점이 있기 때문이다. 인간을 포함한 여타의 동물은 개체 차이가 매우 크다. 이것은 유전자에 많은 형태가 있기 때문이다. 하지만 실험에 사용되는 마우스는 교배를 거듭하여 유전자를 균일하게 유지하고 있다. 그러므로 하나의 유전자를 조작하면 그에 대한 영향을 연구할 수 있다.

유전자를 조작하는 것은 크게 두 가지 방법을 취하고 있다. '유전자 결손 마우스^{knock-out mouse}'는 문자 그대로 특정 유전자에 결손을 발생시킨 마우스다. ES세포^{Embryonic Stem cells}로 불리는 만능 세포에 유전자 조작을 하고 마우스의 배아^{embryo}에 주입함으로써 만들어진 '키메라 마우스^{chimaeric mouse}'를 부모로서 제작한다. 요즘에는 몸통이 대상이 아닌 특정 조직이나 특정 시기에 유전자의 결손을 일으키는 기술도 사용되고 있다. 다른 방법으로는 '형질전환 마우스^{transgenic mouse}'라는 것으로 특정 유전자를 과잉 발현하도록 조작한 마우스에서 인공으로 만든 유전자를 수정란의 핵에 주입하여 제작한다. 유전자 결손 마우스와 형질전환 마우스 양쪽 모두 특정 유전자의 역할을 개체 수준에서 규명하기 위해 빠뜨릴 수 없는 도구로서 광범위하게 활용되고 있다.

최근에는 CRISPR/Cas9 시스템으로 불리는 게놈 편집 기술이 널리 쓰이게 되면서 유전자 조작 마우스의 제작이 더욱 용이하게 되었다.

의외의 방향으로 전개되어 갔다.

오렉신과 기면증

생명과학의 세계에서는 수년간 많은 연구자가 씨름해도 규명할 수 없었던 문제가 의외로 뜻밖의 곳에서 갑자기 밝혀지는 일이 있다. 또한 어떠한 사실을 면밀히 뒤좇다 보면 전혀 예상하지 못했던 것이 부수적으로 밝혀지는 일도 있다. 이 장에서 언급하는 오렉신과 기면증narcolepsy 관계도 그러한 사례 중 하나다.

1996년 오렉신의 정제에 성공한 후, 나는 부득이한 사정으로 아쉬움과 미련을 남긴 채 귀국해야만 했다. 하지만 다행히 일본에 귀국하고 나서도 야나기사와 선생의 배려로 츠쿠바筑波대학에서 오렉신 유전자의 동정과 전구체 구조 결정 및 생리작용의 분석 등 오렉신과 관련된 일을 계속할 수 있었다.

텍사스대학에서는 그 뒤 새로이 야나기사와 연구팀에 합류한 릭 시멜리Rick Chemelli가 오렉신 결손 마우스의 해석에 착수했다. 오렉신을 발견한 후에도 완전히 그 생리작용을 밝히고 논문을 발표한다는 방침으로 연구를 진행했기 때문에 오렉신 결손 마우스의 제작과 여타의 다양한 해석이 동시에 진행되고 있었다. 우리는 오렉신이 섭식 행동에 관련되어 있다는 것을 발견했기 때문에, 당연히 릭 시멜리가 진행한 결손 마우스의 해석도 유사한 관점에서 진행되었다. 사실 오렉신 결손 마우스는 하루 섭식량이 정상 마우스보다 5퍼센트가량 적었다. 어째서 섭식량이 적은지 가늠할 힌트를 얻기 위해 적외선 카메라로 야간 섭식 행동을 촬영하고 관찰하기로 했다. 마우스는 야간에 어두운 곳에서 섭식 행동을 하기 때문이다.

그런데 야간에 마우스의 행동을 관찰하다가 이상한 광경이 관찰되었다. 활발하게 털 정리 등의 행동을 하고 있던 오렉신 결손 마우스가 그 행동을 하던 도중에 마치 스위치가 꺼진 것처럼 쓰러져 버린 것이다. 시멜리는 당초 이것을 간질 발작이 아닐까 생각했다. 만약 뇌전증 epilepsy(간질)이라면 뇌파에 의해 진단할 수 있다. 하지만 오렉신 결손 마우스의 뇌파를 기록했으나 뇌전증 특유의 파형은 보이지 않았고, 이 이상한 행동은 간질 발작에 의한 것이 아님이 밝혀졌다.

또한 기록된 뇌파로부터 놀라운 사실을 발견했다. 오렉신 결손 마우스는 각성 상태에서 갑자기 렘수면과 같은 상태가 되었고, 그리고 발작은 이때 생기는 행동 같다는 것이다. 지금까지 이야기했듯이, 렘수면은 반드시 선행 논렘수면 이후에 나타난다. 이것은 사람이나 마우스나 마찬가지다. 그러나 오렉신 유전자가 없는 마우스는 때때로 갑작스럽게 각성 상태에서 렘수면에 들어가는 이상 증상을 보인 것이다. 바로 그때 활발한 행동을 멈추고 쓰러져 버리는 것이다.

도대체 오렉신 결손 마우스의 이러한 이상한 행동은 무엇을 의미하는 것일까? 그 수면/각성 패턴을 상세하게 분석한 결과, 사람의 수면장애인 기면증 질환과 비슷한 증상을 보이는 섯으로 나타났다. 나중에 자세하게 설명하겠지만 기면증은 '견딜 수 없을 정도의 과도한 졸음'이 주요 증상인 질환으로 기절하는 것처럼 잠들어 버리는 특징을 보인다. 각성 상태를 제대로 유지할 수 없는 특이한 병이다. 이 병이 발표된 지 120년 정도 지났을 때였지만 그 원인이 알려지지 않은 상태였다. 그 수수께끼가 우리가 오렉신을 발표하고 난 1년 후인 1999년 여름, 전혀 예상하지 못한 경로로 밝혀진 것이다.

우리가 오렉신을 발표했던 1998년은 렘수면 발견의 수면학 역사에 남을 위업을 달성한 아세린스키 박사가 불행하게 작고한 해이기도 했다. 박사는 샌디에이고에서 차를 몰던 중에 '졸음'에 의한 사고로 목숨을 잃은 것이다.

무슨 운명의 장난이란 말인가! 당시 우리는 오렉신의 발견이 그 이후의 수면학에 가져다줄 영향력을 미처 상상할 수 없었다.

우연한 두 가지 발견

과학 역사에 남은 중요한 발견 중에는 제각기 다른 사람들이 다양한 장소에서 완전히 다른 접근 방법으로 진행했던 연구 결과가 우연하게도 똑같은 결론에 도달하는 경우가 있다. 게다가 때때로 거의 같은 시기에 그 결과가 도출되는 일이 있다. 하나님의 뜻인지 운명의 장난인지 참으로 이상한 일이다. 오렉신과 기면증 간의 관계를 발견한 연구는 그러한 예 중의 하나다.

스탠포드대학 기면증 연구 센터의 엠마뉴엘 미뇨 Emmanuel Mignot 박사의 연구팀은 오랫동안 기면증 원인을 찾기 위해 연구에 몰두했다. 그가 기면증에 관한 연구를 시작한 것은 20여 년 전으로 거슬러 올라간다. 그는 파리 소아병원부속 의과대학 네케르연구소Institut Necker에서 약리학을 전공한 후, 1989년 미국으로 건너가 스탠포드대학 수면연구소에서 일하게 되었다. 당시 스탠포드대학에서는 수면장애 연구 센터의 주임인 윌리엄 디멘트가 개를 대상으로 기면증을 연구하고 있었다(디멘트는 렘수면 발견자 중 한 명이며, 클레이트만의 제자이기도 하다. 1장에서 등장한 불면 기록 보유자 랜디 가드너를 관찰했던 수면학자가 디멘트다). 디멘트가 강의에서 기면증 이야기를 했더니, 한 여학생이 찾아와 그녀가 키우는 개가 지금 바로 강의에서 들었던 기면증 증상을 보이고 있다고 말한 것이 연구의 출발점이었다.

1973년 기면증 개의 연구를 시작한 디멘트는 이윽고 큰 성과를 올린다. 통상적으로 개의 기면증도 사람과 유사하며 유전성은 없다고 알고 있었다. 그러나 디멘트 연구팀은 다양한 기면증 개를 교배시키는 가운데 유전적으로 기면증이 발병한 개를 발견한 것이다.

프랑스에서 스탠포드대학으로 온 미뇨가 이 유전성 기면증 개를 이용하여 연쇄 분석을 시작했다. 그리고 10년 이상 걸친 연구 끝에 마침내 개의 기면증을 일으키는 유전적 원인을 밝혀냈다. 미뇨 연구팀은 개의 기면증은 오렉신 수용체 중 하나인 '오렉신2 수용체'의 유전자 이상에 의해 생겨난다고 결론지었다.

그때 마침 우리와 스크리프스Scripss 연구팀이 오렉신 작동성 뉴런의 해부학적 특징을 밝혔으며 수면/각성에 중요한 작용을 하는 뇌간의 모노아민 작동성 시스템에 축삭

그림 4-2 ◎ 기면증 개를 사이에 둔 미뇨(좌)와 디멘트(우)

을 연결한다는 것도 밝혀지고 있었지만, 이 연구가 큰 힌트가 된 것은 틀림없다.

개의 기면증 원인은 오렉신 수용체 중 하나인 오렉신 2 수용체의 유전자 이상이었다. 여기에 더불어 인공적으로 만들어 낸 오렉신 유전자 결손 마우스와 기면증 개의 연구가 우연히 연계된 것이다. 1999년 여름, 두 가지 연구 성과는 거의 동시에 공표되었다. 마우스를 이용한 연구에서 오렉신의 유전자를 인공적으로 파괴한 결과 기면증이 발생한다고 밝혀지고, 개를 이용한 연구에서는 유전성 기면증 개를 분석한 결과 오렉신 수용체 유진자에 이상이 있다는 것으로 알려졌다. 개와 마우스라는 서로 다른 동물에서 오렉신이라는 공통된 물질이 관여하는 정보 전달 시스템의 장애로 기면증이 발병하는 것이다.

기면증 증상이란?

이 부분에서 조금 더 자세히 기면증에 대해 설명하겠다. 1880년 프랑스 의사 젤리노Gélineau는 과도한 졸음을 일으키는 특이한 증례를 보고했다. 그 환자는 대낮인데도 불구하고 껌벅껌벅 참을 수 없는 졸음이 쏟아지고, 그러다가 어떤 상황에서든 순간 잠들어 버린다. 그러고는 잠시 잠을 자고 나서 정상적으로 깨어난다. 뿐만 아니라 특히 박장대소하거나 일이나 문제가 잘 해결되었을 때에는 다리의 힘이 빠지고 털썩 쓰러져 버리는 발작을 일으킨다. 또한 카드게임에서 좋은 카드를 뽑았을 때와 같이 갑작스러운 감정적 자극 후에 몸 안의 힘이 빠져 움직일 수 없게 된다.

젤리노는 이러한 졸림과 탈력 발작을 일으키는 질환을 '기면증'이라고 이름 붙였다. '저림, 혼미昏迷'라는 의미의 'narke' 와 '발작'이란 뜻의 'lepsis'(모두 그리스어)의 합성어. 실은 기면증에 해당한다고 생각되는 증상은 17세기에도 영국 의사 토마스 윌리스Thomas Willis가 기록하고 있고, 아마 그 이전에도 존재했을 것이다.

이 질환은 매우 특징적인 증상을 나타낸다. 사춘기 전후에 발병하는 증례가 많고 참을 수 없는 졸음을 호소한다. '과도한 졸음'이라고 하면 '나도 졸린데 이거 병이 아닐까?'라고 생각하는 사람도 있을 것이다. 그러나 기면증의 졸음은 환자를 보지 않으면 이해할 수 없는 정도로 강렬하다. 일상생활에서 '깨어 있어야 할 때' 각성을 유지할 수가 없어 곤란한 상황이 되곤 한다. 학생이라면, 건강한 사람도 수업시간에 잠시 조는 정도의 일은 있을 수 있다. 그러나 기면증에서 보이는 졸음은 건강한 사람에게서는 있을 수 없는 형태로 닥쳐온다. 만일 수업을 하고 있는 선생님이 수업 중에 갑자기 과도한 졸음으로 잠에 빠져 버린다면 어떨까. 기면증을 앓는 선생님이라면 그런 일이 충분히 발생할 수 있다. 회사원이 중요한 회의에서 발표 중에 잠들어 버리거나 혹은 입사 시험의 중요한 면접 도중에 잠들어 버리는 일도 생길 수 있다. 건강한 사람이라면 전철을 기다리며 벤치에 앉아 졸고 있다가도 자신이 타야 할 전철이 도착하면 바로 눈을 뜨고 탑승할 수 있을 것이다. 그러나 기면증 환자는 거꾸로 '전철이 온다'라고 생각한 순간 잠에 빠지곤 한다. 당연하게도 내려야 할 역에서 내릴 수 없는 일이 비일비재하게 일어난다. 혹은 좋아하는 가수의 콘서트에 가려고 비싼 돈을 지불하고 어렵게 예매한 콘서트가 시작되자마자 잠이 들어 버리고 끝날 때까지 자 버리는 일도 있을 수 있다. 다시 말해 이 병은 건강한 사람이라면 긴장과 흥분으로 감정이 고양되어 잠들 수 없을 것 같은 상황에서도 과도한 졸음이 덮쳐 잠들어 버리는 것이다.

수면부족이나 피로 등으로 누구에게나 졸음은 쏟아지지만 기면증 환자의 경우는 전날 충분한 수면을 취하고도 하루에도 몇 번씩, 수마睡魔와 같은 졸음이 때와 장소를 가리지 않고 덮쳐 온다. 그리고 의지와는 무관하게 어느새 잠들어 버린다. 인생을 좌지우지할 수 있는 중대한 순간에도, 걷는 도중에도 잠들어 버린다. 하지만 곧장 잠이 들어도 보통은 짧은 시간 후에 눈을 뜨는데, 기상 직후에는 상쾌한 느낌도 있다. 이것은 여타의 과다수면 증상과는 다른 특징이기도 하다. 그런데 2~3시간이나 잠을 자도 또다시 심한 졸음이 덮쳐 온다. 또는 졸음이라는 전조 증상을 거의 느끼지 않고 기절하는 것처럼 잠들어 버리기도 한다(수면발작).

이 질환은 또 다른 특징적인 증상이 있다. '정동情動탈력발작cataplexy'이라고 불리는 증상으로, 갑자기 온몸 근육의 힘이 빠져 버리는 것이다. '정동'은 이른바 '감정'과 거의 같은 의미로 생각해도 좋다. 감정이 고양되면 근육에 힘이 들어가지 않는 것이다. 심한 경우는 서 있을 수 없어 쓰러져 버린다. 그때 부상을 입기도 한다. 직접적인 도화선이 되는 감정은 분노보다는 대다수가 기쁠 때나 칭찬을 듣거나 웃을 때 등 다분히 긍정적인 감정인 상황에서다. 혹은 놀랐을 때도 일어날 수 있다. 이 증상은 모든 기면증 환자에게서 보이는 것은 아니지만 환자의 80퍼센트 이상은 나타나고 또한 정상인에게 이 증상이 나타나는 경우는 기면증일 가능성이 매우 높아서 진단적 가치가 높은 증상이다.

기면증에는 '과도한 졸음'과 '정동탈력발작' 이외에도 특징적인 증상이 있다. 우선 '입면환각hypnagogic hallucination'

이라고 불리는 증상이다. 잠이 들자마자 환상을 보는 것인데 사실 이것은 매우 선명한 꿈이다. 1장에서 살펴보고 온 것처럼 건강한 사람의 수면에서 렘수면은 보통 긴(60분 이상) 논렘수면 후에 나타난다. 그러나 기면증은 잠에 들자마자 바로 렘수면에 들어가는 이상 증상을 보인다. 이때 꾸는 꿈은 아직 대뇌피질이 각성 때와 마찬가지로 활동하고 있기 때문에 매우 리얼하고 현실감이 풍부한 꿈이 된다. 일반적인 렘수면의 경우는 대뇌피질, 특히 배외측전전두피질이 노르아드레날린과 세로토닌 등의 각성 물질의 영향으로부터 벗어나 활동이 지하되기 때문에 꿈은 기억나지 않고, 인지능력 또한 저하되고 있어서 어렴풋한 인상밖에 남지 않는다. 그러나 이들 각성 물질을 만드는 신경세포가 활동을 멈추어도 각성 물질의 영향은 즉시 완전하게 없어지는 것이 아니다. 따라서 각성 상태에서 갑자기 렘수면 같은 상태에 들어가면, 전전두엽피질이 활동하고 있는 상태에서 꿈을 꾸게 되어 매우 선명한 꿈을 꾸게 된다.

또한 이때 종종 일반적인 렘수면과 같은 상태로 근육의 힘이 완전히 빠진 상태(탈력 상태)가 되기 때문에 '가위눌림sleep paralysis(수면마비)'을 경험하게 된다. 보통의 렘수면에서는 배외측전전두피질 활동이 저하되어 있기 때문에 '가위눌림'을 경험할 수 없지만, 기면증은 전전두엽피질이 활동하고 있기 때문에 그 상태를 실제로 경험하게 된다. 이때 꾸는 꿈은 '창문에서 모르는 사람이 침입해 왔다', '번개를 맞았다' 등의 공포감을 동반하는 내용이 많고 더구나 현실감이 풍부하다. 거기에 더하여 가위에 눌리는 상태가 되기 때문에 대단한 공포를 느낄 수 있다.

기면증은 수면 구축의 이상

기면증은 10대에서 많이 발병하고 특히 14세가 될 즈음 최고조에 달한다. 이 시기 일본에서는 때마침 수험 날짜가 가까워지고 밤샘 등으로 수면 시간이 줄어들기 쉬운 때다. 따라서 기면증에 걸려도 주위 사람이나 심지어 본인조차도 이를 알아채지 못하는 경우도 있다. 졸음과 싸우면서 끔뻑끔뻑 조는 일이 정상적인 상황인 것처럼 여겨지는 셈이다. 따라서 발병하고 나서 의사를 만날 때까지 혹은 진단을 받기까지 상당한 시간이 걸릴 수 있다.

　당연하게도 기면증은 환자에게 커다란 불이익을 초래한다. 중요한 상황에서 과도한 졸음이 엄습해 오면 당연히 실수도 늘어나고 집중력도 유지하기 어렵다. 공부 능률이 오르지 않고 본래 실력도 발휘하지 못하게 된다. 보통 사람이 잠이 오는 상황보다 더욱 더 졸리기 때문에 '게으름 뱅이'라는 평가를 받기도 한다. 또한 가족을 포함하여 이 병에 대해 이해해 주는 사람이 주위에 적은 것도 환자에게 고민과 괴로움이 된다. 또한 기면증에서는 우울증 등의 정신 질환이나 당뇨병과의 동반 이환 빈도가 높은 것으로 알려져 있다.

기면증은 뇌파를 포함한 수면다원 검사를 통해 진단을 받기 때문에 '뇌파에 이상이 있다'는 오해도 많이 받는다. 하지만 이것은 뇌파 자체에 이상이 있는 것이 아니라 수면구축의 이상인 것이다. 그러브로 성확한 진단을 하려면 하룻밤 자고 난 상태에서 수면다원 검사(그림 2-1)를 통한 수면구축 판정이 필요하다. 또한 기면증 환자의 수면도 정상인의 수면도 생리적 과정에 있어서는 동일하다. 기면증은 수면 자체에 이상이 있는 것이 아니라 수면과 각성이 출현하는 패턴에 이상이 있는 것이다. 사람은 일반적으로 하루에 1회 수면을 취하는 동물이다. 보통은 1회에 7시간 정도 연속하여 자고 열 몇 시간 동안 일어나 있는 생활을 한다. 그러나 기면증 환자는 한 번에 오랜 시간 동안 깨어 있지 못하고 짧은 시간 동안 단편적으로 각성과 수면을 반복하는 것이 특징이다. 낮 동안에는 자주 잠들어 버리지만, 반대로 밤에는 자주 눈이 떠진다고 한다(그림 4-3).

기면증의 유병률은 발병이 최고조에 이르는 14~16세에 미국이 0.05~0.2퍼센트, 일본이 0.16~0.18퍼센트로 추정되고 있다. 가족적으로 발병하는 증례도 5퍼센트로 보고되지만 독립적인 증례가 대부분이며, 특정 HLA(사람백혈구표면항원) 유전자형(DR2나 DR1*1501과 DQB1*0602)을 갖는 비율이 정상인에 비해 유의하게 높은 것으로 알려져 있다. HLA와 기면증의 관련성을 세계 최초로 제시한 것은 1984년 당시 도쿄대학의 혼다 유타카本多裕 연구팀이다.

기면증을 일으키는 오렉신의 결핍

앞서 언급한 마우스와 개의 기면증 연구를 보면, 인간도 비정상적인 오렉신 기능이 기면증의 원인일 가능성이 높다는 것을 쉽게 상상할 수 있었다. 그리고 예상보다 빠르게도 이듬해 그 생각이 옳았다는 것이 밝혀졌다. 현재는 기면증 환자의 90퍼센트 이상에게서 오렉신을 만드는 신경세포가 변성, 탈락되어 있다고 알려져 있다. 구체적으로 말하자면, 스탠포드대학의 니시노 세이지西野精治 박사 연구팀은 기면증 환자의 뇌척수액은 90퍼센트 이상의 비율로 오렉신A가 매우 낮은 수치(110pg/ml 이하)를 보인다는 결과를 밝혔다.

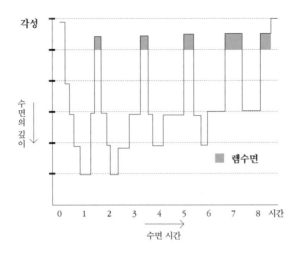

그림 4-3 ◎ 건강한 사람(위)와 기면증 환자(아래)의 수면 패턴. 기면증에서는 빈번한 중도 각성(✓)이 특징이다. 또한 각성에서 논렘수면을 거치지 않고, 바로 렘수면에 들어가 버린다.(▼)

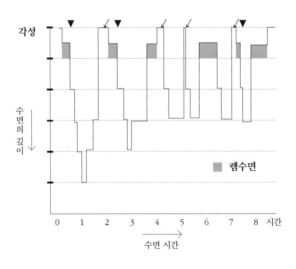

이미 미국에서는 2005년부터 뇌척수액 안의 오렉신A 농도 측정을 기면증 진단 과정에 활용되고 있다.

마우스와 개, 그리고 인간도 공통적으로 기면증 원인이 오렉신의 결핍에 있는 것으로 나타났다. 이 때문에 적어도 포유류에게 오렉신은 각성 유지 시스템과 관련된 물질이라고 생각된다. 오렉신이 부족하면 각성을 제대로 유지하기 힘들다. 각성이라는 상태는 오렉신이 제대로 기능하는지 여부에 따라서 적절하게 유지된다.

기면증이라는 질환의 원인을 찾는 연구가 이처럼 오렉신이라는 물질이 각성을 일으키는 데에 중요한 역할을 한다는 발견으로 이어졌다. 그렇다면 오렉신은 3장에서 살펴본 뇌간의 모노아민 작동성 시스템과 콜린 작동성 시스템에 의한 수면/각성 조절 메커니즘과 어떻게 관계되어 각성 상태를 제어하는 것일까? 여기부터가 이번 장의 주제다.

각성을 안정화시키는 오렉신

모노아민 작동성 뉴런과 콜린 작동성 뉴런이 수면/각성을 조절하고 있다는 내용을 3장에서 다루었다. 오렉신의 작용은 이들 뉴런과 밀접한 관계가 있다. 오렉신은 시상하부

외측영역lateral hypothalamic area; LHA에 있는 뉴런에 의해 생산된다. 그런데 오렉신 항체를 만들어 오렉신을 생산하는 뉴런의 축삭을 염색해 보니 이 뉴런은 뇌의 곳곳에 축삭을 뻗고 있는 것으로 나타났다. 그리고 오렉신의 수용체는 노르아드레날린을 만드는 청반핵, 세로토닌을 만드는 봉선핵, 히스타민을 만드는 결절유두체핵 등 여러 부분에서 강하게 발현하고 있었다. 3장에서 소개했듯이 이들은 모두 모노아민 작동성 뉴런이다.

이러한 뉴런의 전기 활동을 모니터링하면서 오렉신을 작용시켰더니 뉴런의 발화 빈도가 매우 증가되었다. 또한, 오렉신을 만드는 오렉신 작동성 뉴런은 각성 시에 활동하고 반대로 잠을 잘 때에는 정지하고 있다는 것도 알았다.

즉, 오렉신은 이와 같이 각성을 주관하는 뉴런군을 활성화시킨다고 생각된다(그림 4-4). 단, 모노아민 작동성 뉴런의 발화는 오렉신에 의해서만 유지되는 것은 아니다. 그렇다면 기면증 환자와 같이 오렉신이 거의 없어져 버리면 전혀 각성을 하지 못하게 되는 것일까? 현실에서 기면증은 수면/각성 스위치의 전환이 매우 불안정해지고 전환이 쉽게 되어 버리는 상태다. 즉, 오렉신은 각성 스위치 자체가 아니라 각성 스위치가 켜진 뒤에 스위치가 잘못된 타이밍에 다시 전환되지 않도록, 이른바 각성 상태를 안정화하는

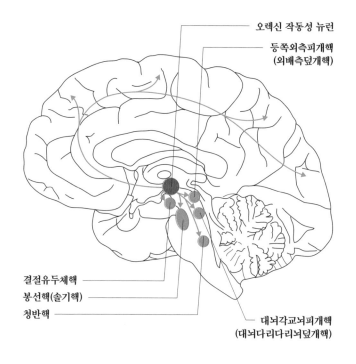

오렉신 작동성 뉴런

등쪽외측피개핵
(외배측덮개핵)

결절유두체핵

봉선핵(솔기핵)

청반핵

대뇌각교뇌피개핵
(대뇌다리다리뇌덮개핵)

그림 4-4 ◎ 오렉신 작동성 뉴런은 모노아민 작동성 뉴런을 활성화한다.

(다시 말해, 수면 상태로 전환하는 것을 방지) 작용을 가지고 있는 것으로 보인다. 모노아민 작동성 뉴런은 원래 자동으로 천천히 수 헤르츠의 주파수에서 율동적으로 발화하는 능력을 가지고 있다. 오렉신은 발화가 중단되는 것을 막고 있다고도 생각된다. 모노아민 작동성 뉴런의 활동이 멈추지 않도록 응원하는 물질이라고 봐도 좋을 것이다.

각성과 수면의 사실관계

오렉신은 어떤 방법으로 각성 상태를 안정화시키고 있는 것일까?

3장에서 살펴본 것처럼, 시각교차앞영역의 수면중추(GABA 작동성 뉴런)와 뇌간의 각성 시스템(모노아민/콜린 작동성 뉴런)은 서로 길항작용을 하는 시소와 같은 관계에 있다. 건강한 사람은 오렉신계가 적절한 시점에 각성 시스템을 활성화시키고 시소를 각성 쪽으로 밀어내림으로써 각성 상태를 안정화할 수 있다. 즉, 평상시에는 수면 시스템에 유리한 상황이었다가 각성이 필요한 경우에만 오렉신이 각성 시스템을 보조한다고 생각해도 좋다. 비유하자면 무거운 '수면 시스템'과 가벼운 '각성 시스템'이 시소 위에

타고 있다고 상상해 보라.

　보통은 수면 시스템 쪽으로 기울고 있는데 각성이 필요한 때에는 우선 대뇌변연계 등에서의 신호에 의해 각성 스위치가 켜지고, 그 뒤 오렉신이 각성 시스템을 강력하게 도와주어 시소를 각성 쪽으로 기울어진 상태로 고정한다. 거인의 손이 시소를 아래로 밀고 있다고 상상해도 좋을 것이다. 그리고 거인이 손을 떼면 시소가 다시 수면 쪽으로 원활하게 기우는 것이다. 이 시스템이라면 각성 상태, 수면 상태가 서로 함께 안정성을 확보할 수 있게 된다(그림 4-5). 그렇다면 왜 기면증처럼 오렉신이 없어진 상태에서도 각성을 못하게 되거나, 계속 잠을 자는 일이 없는지 의문이 생긴다.

　신경계는 가소성이라는 성질이 있다. 하나의 입력 자극이 손상되면 그것을 보상하려는 변화가 생긴다. 그로 인해 기면증은 오렉신의 도움이 없어도 각성을 유지할 수 있도록 모노아민 작동성 뉴런에 만성적 변화가 생겨나 있다. 가소성에 의해서 만성적인 오렉신 결핍 상태를 모노아민 작동성 뉴런이 오렉신이 없어도 충분한 신경활동을 할 수 있도록 변화가 일어나 있는 것이다. 실제 기면증 마우스를 관찰해 보면, 청반핵의 노르아드레날린 작동성 뉴런에서 각성 시의 발화 빈도가 정상이거나 오히려 정상 마우스보다 늘어나 있는 것을 알 수 있다. 이것은 오렉신이 없는 상태에 적응하기 위해

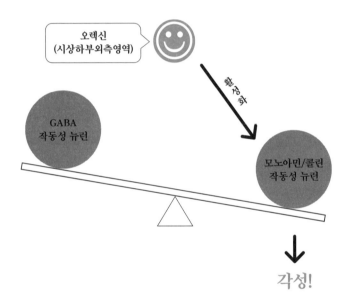

그림 4-5 ◎ 오렉신은 각성 상태와 수면 상태를 안정시킨다.

오렉신 작동성 뉴런의 하류下流 뉴런이 변화를 일으키고 있는 것을 나타낸다. 그러나 그 상태에서는 수면/각성의 전환이 미묘한 균형에 의해 이루어지게 되고, 수면 상태/각성 상태 모두 몹시 불안정하게 되어 기면증의 병태가 나타나는 것이다. 즉, 원래 수면/각성 전환 스위치 자체는 시각교차앞영역의 수면뉴런과 뇌간의 모노아민/콜린 작동성 뉴런으로 구성되어 있기 때문에, 오렉신이 없어도 전환에 지장이 있는 것은 아니다. 그러나 오렉신이라는 안정화 시스템이 부족하면 각성, 수면의 상태를 안정적으로 유지할 수 없게 된다.

이처럼 오렉신이라는 물질이 각성 조절 시스템을 적절한 시점에 자극하여 각성 상태가 발동되고 필요한 만큼만 유지되도록 한다. 그래서 오렉신 작동성 뉴런에 결손이 생긴 기면증에서는 각성이 필요한 기간 동안 각성 상태를 충분히 유지할 수 없게 되는 것이다.

오렉신에 의한 각성 유지 메커니즘을 다시 한번 되짚어 보기 위해 도대체 각성이란 무엇인가, 그 본질적인 의미까지 알아보았다. 오렉신은 '각성이 필요한 때'에 각성 시스템을 돕는다고 말했는데 그러면 각성이 필요한 때라는 것은 과연 언제를 지칭하는 것인가?

다음 장에서는 오렉신 작동성 뉴런의 조절 메커니즘을 통하여 알게 된 '각성'의 의미를 생각해 보자.

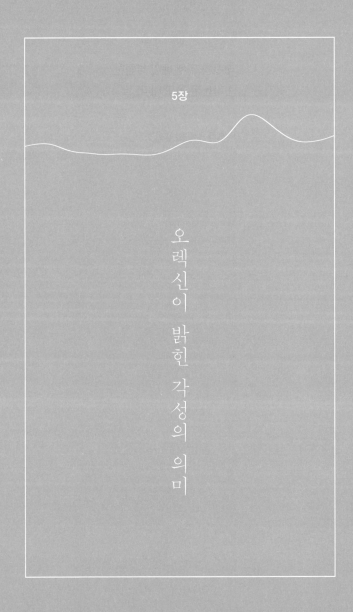

5장

오렉신이 밝힌 각성의 의미

인간과 동물은 왜 반드시 깨어나야 하는가?

"꿈꾸기 위해 매일 아침
나는 눈을 뜹니다."

-

무라카미 하루키村上春樹

주의와 행동을 위해 필요한 각성

당신에게 "왜 잠에서 깨어났습니까?"라고 물으면 뭐라고 대답할 것인가. '일하기 위해서'라고 대답할지도 모르고 혹은 '운동을 하려고'일 수도 있고 'TV를 보기 위해서'일지도 모른다. 이들의 공통점은 무엇인가에 '주의'를 기울일 필요가 있는 행위라는 것이다.

'주의'와 '각성'은 생활을 위해 필수적이다. 영어 표현에 "현실을 잘 봐라!"라고 주의, 각성을 촉구하는 표현으로 "Wake up and smell the coffee!"라는 관용구가 있다. 이렇게 'Wake up'과 '주의'는 떼려야 뗄 수 없는 관계다. 실제로 3장에서 언급했던 각성을 담당하는 물질, 모노아민과 아세틸콜린은 '주의'에도 매우 깊이 관여하고 있다. 그리고 당연하게도 '주의'는 어떤 '행동'을 일으키기 위한 것이기도 하다. 어떠한 행동을 하던 간에 각성은 필수적이다. 즉 사람을 포함한 동물은 무엇인가에 주의를 기울이기 위해, 그리고 어떤 행동을 일으키기 위해 깨어 있는 것이다.

동물은 왜 행동을 일으키는 것인가. 우선 음식을 먹지 않고는 살아갈 수 없다. 깨어나서 행동하고 음식이라는 '보상'을 얻을 필요가 있는 것이다. 야생동물이라면 음식을 얻기 위해 그에 상응하는 위험을 감수하기 때문에 높은 각성 수준이 필요하다. 인간 역시 일을 하는 이유를 '밥벌이 하려고' 혹은 '먹고살기 위해서'라고 말하기도 한다. 심지어 동물은 '위험'으로부터 몸을 지키지 않으면 안 된다. 야생동물은 늘 포식자에게 공격당할 위험에 노출되어 있다. 위험을 피하려면 역시 주의와 행동이 필요하다. 따라서 각성 수준을 올릴 필요가 있다. 나중에 설명하겠지만, 위험에 대한 두려움이나 불안 등의 '감정'은 각성을 유지하는 데 중요한 요소가 된다. 감정이 고양되는 순간이나 어떤 동기에 바탕을 둔 행동을 하려고 할 때는 특히 높은 수준의 각성이 요구된다. 이렇듯 각성은 음식 등의 보상을 찾는 행동이나 두려움이나 불안 등의 감정에 깊이 관계하고 있다. 결론적으로 '먹고살기 위해서', 그리고 '먹히지 않기 위해서' 각성이 필요한 것이다.

반대로 배가 부르고 안전한 상황이라면 뇌와 몸이 쉬도록 잠을 잘 수 있는 기회다. 수면은 안전과 적절한 온도가 확보되는 환경에서 일어난다. 수면을 취하기 위해 적합한 시간은 동물의 생활환경에 따라 달라지기 때문에 일주기 리듬에 의해 제어되고 있다. 즉, 주행성동물은 낮 동안에 섭식 행동을 하고 야간에 휴식기가 많아지는 반면, 야행성동물은 야간에 주로 섭식 행동을 하고 낮 동안에 잠이 많아진다.

이러한 수면과 각성의 관계를 생각할 때, 극단적으로 표현하면 동물이나 사람에게는 '수면을 취하고 있다'는 상태가 초기 설정 상태이며, 특별히 필요한 때(주의나 행동이 필요한 때)에, '무리해서' 일어나고 있다는 사고방식도 성립된다. 4장에서도 수면/각성의 전환 스위치가 되는 시소는 보통 수면 쪽으로 기울어져 있어서 오렉신 작동성 뉴런이 각성 시스템을 돕는 것에 의해서 각성 쪽으로 스위치가 전환되는 것을 언급했다. 컴퓨터도 쓸 필요가 없을 때는 스위치를 끄는 것이 일반적이다. 어쨌든 수면과 각성은 외부 환경(위험의 유무나, 음식 등의 보상 여부)이나 동물의 내부 환경 및 일주기 리듬에 대응하고 적절하게 조절되어야 한다.

기면증은 이러한 각성 유지 시스템에 이상이 발생하

여 생겨난 신경정신질환이고 '각성을 필요로 하는 상황'에서 오렉신이 결핍되어 각성을 적절히 유지할 수 없다는 것은 앞 장에서 언급했다.

오렉신의 기능은 다양하지만 가장 핵심적인 기능은 각성를 촉진하고 유지하는 것이다. 그리고 교감신경계를 활성화하여 스트레스 호르몬의 분비도 촉진한다. 동기부여로 사기를 높이고 전신의 기능을 향상시킨다. 의식을 맑게 하고 주의력을 향상시킨다. 이러한 기능은 동물이 어떤 행동을 해야 할 것인가를 선택하는 과정(의사결정 과정)에 깊이 관여한다. 또는 행동이나 신체 기능을 생존을 위해 변환시켜 나가는 기능이라고 할 수 있다. 각성은 이처럼 뇌뿐만 아니라 전신의 기능에 관계된 것이며 오렉신은 이런 각성과 깊게 관계되는 물질이다. 그 점에서 오렉신의 기능을 주의 깊게 조사해 보면 각성이라는 생리적인 의미가 보다 확실해진다.

'주의'에는 전뇌기저부라는 부분의 콜린 작동성 뉴런이 중요한 역할을 하고 있다. 이러한 뉴런은 각성 시에 활발히 발화하고 있지만 특별히 주의를 필요로 할 때 활동성이 더욱 높아진다. 전뇌기저부는 말 그대로 대뇌의 기저부에 위치하며 여기에는 아세틸콜린을 신경전달물질로서 가지고 있는 콜린 작동성 뉴런이 분포되어 있다. 지금까지 여러 번 등장했던 뇌간 중 다리뇌의 콜린 작동성 뉴런과 같은 아세틸콜린을 신경전달물질로 갖고 있지만, 이와는 다른 집단이다. 이러한 뉴런은 대뇌피질과 시상에서 신경 활동과 시냅스 효율을 조절하고 있다. 예를 들어 시각영역의 뉴런은 동물이 주의 수준을 높여 무언가를 주시할 때 활동이 증가하는데, 아세틸콜린이 이런 것에 관여하는 것으로 보인다. 대뇌피질과 시상에 아세틸콜린이 작용하면 그쪽에 있는 뉴런은 동기화되지 않고 제각기 활동할 수 있게 되어 많은 양의 정보가 처리될 수 있도록 한다. 이것이 주의 수준을 높이는 상태인 것이다. 오렉신은 이러한 콜린 작동성 뉴런을 흥분시키는 것으로 알려져 있고, 또한 반대로 일부 오렉신 작동성 뉴런은 아세틸콜린에 의해 흥분한다.

이러한 점에서 주의가 발동하는 경우에는 전뇌기저핵의 콜린 작동성 뉴런과 오렉신 작동성 뉴런이 서로 흥분시키는 회로가 활동하고 있을 가능성이 있다. 오렉신은 동시에 뇌간의 모노아민 작동성 뉴런을 자극하여 각성 수준을 높인다.

오렉신 작동성 뉴런을 제어하는 메커니즘

오렉신 작동성 뉴런의 기능을 알아보기 위해 우리는 다양한 방법으로 오렉신 작동성 뉴런의 입출력계를 밝혀 왔다. 4장에서 언급한 바와 같이, 출력계 측면에서 오렉신은 뇌간의 모노아민 작동성 시스템이나 콜린 작동성 시스템에 출력하고 이들의 기능을 강화해서 각성을 유지한다. 그럼 오렉신 작동성 뉴런으로의 입력계는 어떤 것일까? 오렉신 작동성 뉴런은 어떤 메커니즘으로 그 활동을 제어하는 것일까. 오렉신 작동성 뉴런의 활성을 제어하는 시스템을 이해하면 오렉신 작동성 뉴런이 어떤 상황에 발화하는지 드러난다.

우리는 오렉신 작동성 뉴런이 어떤 물질에 의해 제어되는지, 그리고 어떤 신경 시스템으로부터 신경성 입력을 받고 있는지를 밝혀 왔다. 그 시스템 전체를 한눈에 관찰함으로써 각성 제어계의 생리적 의의를 이해할 수 있을 것으로 예상된다. 바꿔 말하면 생물에게 각성이 어떤 의미를 갖는지 밝혀진다.

오렉신 작동성 뉴런을 제어하는 메커니즘에 대해서 알아보자.

오렉신 작동성 뉴런을 자극하는 '감정'

다시 밝혀 두면, 뉴런(신경세포)은 정보처리소자의 일종이다. 수상돌기라는 부분에서 다양한 신호를 입력받고 축삭이라는 부분에서 다른 뉴런에 신호를 출력하고 있다(알아보기 1). 수상돌기가 다른 뉴런의 축삭에서 정보를 받는 부분을 시냅스라고 부른다. 축삭의 말단에서는 신경전달물질이라는 화학물질이 분비되고 다른 뉴런의 수상돌기에 있는 수용체라는 분자에 결합함으로써 해당 신경을 흥분시키거나 억제하는 방식이다. 하나의 뉴런은 수만 개의 시냅스를 통해서 정보를 받고 있다. 그럼 오렉신 작동성 뉴런은 어떤 입력을 받고 있는 것일까?

오렉신 작동성 뉴런은 먼저 대뇌변연계로부터 많은 입력을 받고 있다. 대뇌변연계(알아보기 9)는 정동(감정)을 담당하는 시스템이다. 대뇌변연계 중 편도체라고 불리는 부분은 감각계로부터 입력 신호를 받아 그 정보가 자신에게 선호되는 것인지 어떤지 여부를 판단한다(알아보기 10). 그리고 편도체에서는 정동 생성에 크게 관여하고 있는 부분이기도 하다. '정동'이라는 단어는 다소 낯선 말일 수도 있지만, '감정'과 거의 같은 의미로 생각해도 되겠다. '감정'은 주관적인 성격의 단어인 반면에 과학적인 관찰을 바탕으로 그 동물의 감정에 해당하는 감정을 지칭하는 것을 정동이라 한다. 정동•에는 희노애락喜怒哀樂이 있으며 어떤 감정이라도 각성 수준을 높이는 것으로 알려져 있다. 동물은 두렵고 불안하면 자고 있을 수가 없다. 위험한 적이 가까이 존재하는 와중에 잠들어 있다면 변변히 싸워 보지도 못할 것이기 때문이다. 반대로 보상성의 감정이 작동하고 있을 때, 즉 기쁜 일이나 반가운 일이 예상되는 경우에도 자고 있을 수가 없다. 기회를 놓칠 수 있기 때문이다. 이렇게 각성 수준은 감정에 크게 영향을 받고 있다.

그렇다면 어떻게 감정이 각성을 지배하고 있는 것일까? 앞서 언급했듯이 감정은 편도체에 의해 생겨나고 오렉신을 만드는 뉴런은 편도체로부터 직접 및 간접적으로 많은 입력을 받고 있다. 편도체가 감각계에서의 입력 자극을 '비상사태(잠을 자고 있을 수가 없어!)'라고 판단했을 때, 오렉신 작동성 뉴런을 자극하여 흥분시키고 그에 의하여 각성 수준을 유지하는 것이다.

오렉신 작동성 뉴런의 발화 빈도가 증가함에 따라서 발생하는 현상은 각성 수준의 상승만이 아니다. 감정이 고양되면 편도체는 시상하부를 통해 교감신경계의 활동 수준을 올린다. 감정이 고양될 때 심장이 두근거리는 것을 모두가 경험해 봤을 것이다. 이것은 교감신경계의 활동이

●   독자의 쉬운 이해를 위해 이후 '정동(情動)'은 '감정(感情)'으로 번역하였다.

심장 기능을 높이고 있기 때문이다. 그러나 오렉신이 결핍되어 있는 동물은 감정에 따른 교감신경계의 흥분이 두드러지게 약해져 있다. 이 사실로부터 오렉신 작동성 뉴런의 흥분을 통해 교감신경계 활동 상승도 촉진되는 것을 알 수 있다. 오렉신이 일으키는 이러한 심신의 변화도 대뇌변연계가 초래하는 감정을 형성하고 있는 것이다.

한편, 대뇌변연계에 의한 오렉신 작동성 뉴런의 흥분이 만성적으로 작동하고 있는 경우 불면증에 빠지게 된다. 큰 사고나 재해를 겪었던 사람이 그 후에 불안으로 밤잠을 이루지 못하는 경우가 다반사다. 이러한 '잠들 수 없을 정도의 불안'은 언어, 문화, 인종에 관계없이 보편적인 것이다. 일상에서도 시험이나 이때다, 싶을 만큼 아주 중요한 회의 등을 앞둔 전날에 밤잠 못 이루는 경험을 해 본 적 있을 것이다. 이것도 불안으로 마음이 흥분되어 있는 것이 원인이다. 이렇게 걱정과 불안의 원인이 뚜렷하지 않거나 의식에까지 이르지 않아도 뇌가 그러한 요소를 계속 느끼고 있는 경우가 있다. 스트레스가 만성적으로 있다면 감정적인 반응이 일어나고 있어도 해마의 시스템 이상으로 인해 기억력이 흐려지고, 무엇이 불안과 걱정의 원인이 되는지 본인이 의식하지 못하는 경우가 있다. 이것이 불안장애이며, 불면증을 동반하는 경우도 많다. 의식은 자신에게 일어나고

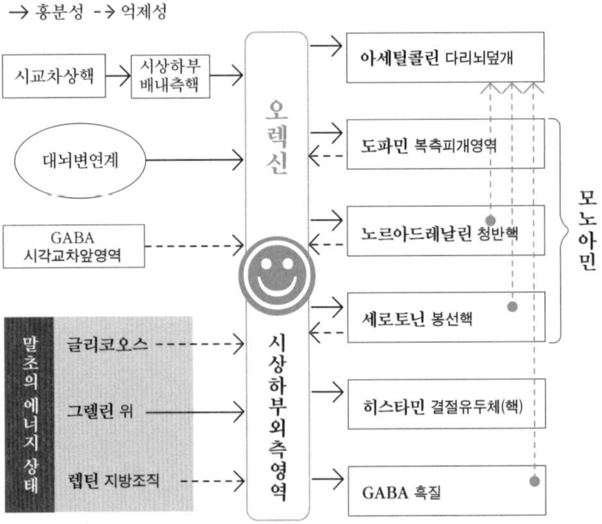

그림 5-1 ◎ 오렉신 작동성 뉴런의 입출력계의 개요

있는 모든 것을 파악하고 있는 것이 아니다. 오히려 의식의 지배가 미치는 것은 극히 일부라고 생각하는 편이 옳다.

　이처럼 단기적으로 두려움과 기쁨과 같은 감정, 그리고 만성적으로는 불안이 대뇌변연계로부터 출력 자극에 의해 오렉신 작동성 뉴런을 흥분시킨다. 이들은 직접 모노아민계에도 영향을 준다. 이처럼 각성은 감정과 깊은 관계가 있다(그림 5-1).

일본에서 개발된 세계 최초의

오렉신 수용체 길항제

잠을 자지 못해 곤란한 상황을 겪어 본 적이 있는가? 불안하거나 혹은 내일 어떤 큰 행사나 이벤트가 있을 때, 두근두근 설레는 일이 있을 때, 또는 실연당한 후에는 누구라도 쉽게 잠을 잘 수가 없고 한밤에 눈이 떠지기도 한다. 이것이 앞서 말한 대뇌변연계의 작용이다. 하지만 명확한 원인이 자기 스스로 떠오르지 않는데 매일 잠을 제대로 잘 수 없을 때는 '불면증'이라는 병명이 붙는다. 불면은 다섯 명 중 한 명이 시달린다는 매우 흔한 질환이다. 불면증의 원인은 여러 가지지만, 그 이면에 스트레스와 불안을 떠안

고 있는 경우가 많다. 본인은 자각하지 못하더라도 스트레스와 불안이 뇌에 영향을 미치고 있는 것이다. 스트레스와 불안은 감각계를 통해서 뇌에 영향을 주는 것이지만 그것을 스트레스, 불안으로 인식하는 것은 역시 대뇌변연계에서 감정을 만들어 내는 편도체다.

전에도 언급했듯이, 이 대뇌변연계의 불안 메커니즘이 만성적으로 작용하는 경우 불면증에 빠지게 된다. 이런 상태가 지속되면 이번에는 '불면증' 자체가 두려움과 불안의 대상이 되어서 만성불면증이 되어 버린다. 대뇌변연계의 출력 자극은 오렉신 작동성 뉴런에 작용하여 각성을 일으키는 것이어서 이 오렉신이 작동하는 것을 약물 등으로 방해한다면 불면증이 치료될 수 있다고 여긴다.

2014년 말, 오렉신 수용체에 결합하여 오렉신의 작용을 저해하는 오렉신 수용체 길항제suvore-xant(수보렉산트)가 불면증 치료제로서 세계 최초로 일본에서 출시되었다. 종래의 불면증 치료제는 그 95퍼센트가 GABA 수용체에 결합하여 GABA의 작용을 증대시키는 것이었지만, 오렉신 수용체 길항제가 등장함으로써 불면증 치료의 선택지가 다양해지고 불면증의 약물치료는 커다란 변화를 맞이하고 있다.

4장에서도 언급했듯이 당초 오렉신은 섭식 행동을 제어하는 물질로 간주되었다. 그 후 기면증과의 관련성이 밝혀지면서 수면/각성 제어에 중요한 역할을 하고 있다는 것이 밝혀진 셈이다. 그러나 섭식 행동과 각성은 본래부터 매우 깊은 관계가 있다. 실제로 배가 부르면 졸리는 것을 누구나 경험해 봤을 것이다. 반대로 체중 감량을 위해 다이어트를 하고 있을 때 잠을 자지 못해 곤란했던 사람도 있을 것이라 생각된다. 식욕과 각성의 관계는 아기를 떠올려 보면 잘 알 수 있다. 아기는 하루의 대부분을 잠을 자면서 보내고 있지만, 우유가 먹고 싶으면 일어나 운다. 그리고 배가 부르면 또 다시 잠든다. 이렇게 영양 상태와 수면은 깊은 관계가 있다.

오렉신 작동성 뉴런의 제어 시스템이 밝혀지면서 이러한 관계는 더욱 명확해졌다. 나중에 설명하겠지만, 오렉신 작동성 뉴런은 온몸의 영양 상태를 모니터할 수 있고 더욱이 영양 상태에 따라 그 활동을 변화시키는 것으로 밝혀지고 있다. 예를 들어, 오랫동안 음식을 섭취하지 않으면, 혈액 안의 글루코스 농도(혈당치)가 저하된다. 이 변화는 그대로 뇌척수액 안의 글루코스 농도의 저하로 이어진다. 그리고 글루코스 농도가 저하되면 오렉신 작동성 뉴런의 발화 빈도가 증가한다. 반대로 뇌척수액 안의 글루코스 농도가 상승하면 오렉신 작동성 뉴런은 억제되어 버린다. 즉, 공복 시에는 각성 물질인 오렉신을 만드는 뉴런이 활발히 활동한다.

마우스에게 잠시 먹이를 주지 않는 경우, 본래라면 휴면기여야 할 낮 동안에도 활발하게 움직이는 것을 관찰할 수 있다. 이것은 각성 수준이 상승했기 때문이다. 실제 수면 시간도 감소한다. 그러나 유전자 조작으로 오렉신을 만들 수 없도록 한 마우스는 이러한 변화가 일어나지 않는다. 즉, 단식에 의한 공복이라는 정보가 오렉신을 통해 각성 수준을 상승시키는 것이다. 야생동물은 공복이 되면 먹이를 찾는 행동을 해야만 한다. 이때 각성 수준을 올려 의식을 명료하게 하고 교감신경을 흥분시켜 신체 기능을 높인다. 먹이를 찾는 행동에는 위험이 따를 수 있기 때문이다. 이러한 기능은 오렉신 작동성 뉴런이 필수적이다.

초식동물 대부분은 수면 시간이 짧다. 예를 들어 말, 사슴 등은 하루의 수면 시간이 2~3시간이다. 이는 칼로리가 적은 식물을 에너지원으로 하기 때문에 충분한 영양을 섭취하기 위해서는 많은 시간을 깨어나서 식사에 할애해야 하기 때문이라는 주장이 있다. 물론 초식동물은 육식동물에 잡아먹힐 위험에 노출되어 있기 때문에 위험으로부터 자신을 보호하기 위해 각성을 유지해야 할 필요가 있기 때문이라는 주장도 있다. 반대로, 높은 열량의 먹이를 섭취하는 육식동물의 수면 시간은 길다. 이러한 것도 섭식 행동과 각성에 관련이 있음을 시사하고 있다. 이처럼 에너지 상태와 수면/각성과는 깊은 관계가 있고 거기에는 오렉신의 기능이 깊이 관여하고 있는 것이다.

삼위일체의 교묘한 시스템

3장에서 살펴본 바와 같이 시상하부의 시각교차앞영역 특히, 복외측시각교차전핵에는 수면 시에만 활동하는 GABA 작동성 뉴런이 존재한다. 이러한 수면뉴런은 각성 시스템인 모노아민 작동성 뉴런을 억제한다. 또한 오렉신 작동성 뉴런에도 이러한 수면뉴런으로부터 억제성 입력 신호가 있는 것으로 밝혀지고 있다. 즉, 수면뉴런은 모노아민 작동성 뉴런과 오렉신 작동성 뉴런 양쪽을 억제함으로써 수면을 만들어 내고 있는 것이다. 수면뉴런과 각성 시스템, 오렉신 작동성 뉴런은 상호 관련이 있는 것이다.

어떻게 보면 각성 시스템에 대해 오렉신 작동성 뉴런이 엑셀 역할(촉진 작용), 수면뉴런이 브레이크 역할(억제 작용)을 하고 있다고 해도 무방하다.

수면/각성이라는 두 가지 작동 모드를 적절하게 전환하고 적합한 모드로 '고정'하려면 수면뉴런, 모노아민 및 콜린 작동성 뉴런, 오렉신 작동성 뉴런의 삼위일체 시스템이 필수적이다. 오렉신은 각성 스위치를 도와주고, 또한 각성 상태를 안정시키는 역할을 한다. 오렉신 작동성 뉴런과 모노아민 작동성 뉴런은 서로 연결되어 있지만, 그 결합 방식에는 특색이 있다. 오렉신 작동성 뉴런은 모노아민 작동성 뉴런을 흥분시키지만, 모노아민 작동성 뉴런은 반대로 오렉신 작동성 뉴런을 억제한다(그림 5-2).

이와 같이 자기를 활성화하는 시스템에 의해 억제성 신호를 보내도록 하는 시스템을 '음성 되먹임 시스템 negative feedback system'이라고 한다. 이러한 시스템은 시스템 구성 요소의 변동이 최소화되도록 제어하는 데 알맞다. 오렉신 작동성 뉴런과 모노아민 작동성 뉴런의 관계를 살펴보면, 각성 시에 모노아민 작동성 뉴런이 활발하게 발화한다. 3장에서 살펴본 바와 같이 그 활동이 대뇌에 작용하여 각성을 유지하는 것이다. 모노아민 작동성 뉴런의 활동이 저하되면 각성 수준이 떨어지게 되는데, 이때 필연적

모노아민과 신경질환

아미노산은 아미노기$^{\text{amino group}}$와 카르복시기$^{\text{carboxyl group}}$를 가지고 있지만, 모노아민은 아미노산에서 카르복시기가 떨어진 구조를 가진 생리활성물질이다. 아미노기 1개(모노)를 가지기 때문에 '모노아민'이라 부른다.

모노아민은 전신에 다양한 생리 활성을 발휘하지만 뇌 안에서도 여러 가지 기능을 한다. 뇌 안의 모노아민에는 도파민, 노르아드레날린, 세로토닌, 히스타민이 포함된다(히스타민은 두 개의 아민을 가지는 것이므로 엄밀하게 하면 모노아민은 아니지만 편의상 모노아민에 포함시킨다). 이 중 도파민^{DA}, 노르아드레날린^{NA}은 카테콜아민류$^{\text{catecholamine; CA}}$, 세로토닌$^{\text{5-HT}}$은 인돌아민류$^{\text{indole amine}}$에 속한다.

모노아민은 모든 각성 상태와 깊은 관계가 있다. 각각의 특징을 소개하자면, 도파민은 보상계(행복감, 성취감), 노르아드레날린은 정신적 흥분(고양감, 분노, 공포) 세로토닌은 안심하고 편안한 상태와 관계가 깊다. 즉, 기분과 명확한 관계가 있는 것이다.

각성은 이러한 모노아민계 신경전달물질에 의해 주관되고 있다. 게다가 이러한 물질의 변형은 정신 질환과도 관계가 깊다. 예를 들어 조현병은 도파민과 관련이 있고 치료에 도파민 길항제가 사용된다. 또한 세로토닌이나 노르아드레날린은 우울증과 관련이 있고 우울증 치료에는 이러한 신경전달물질의 작용을 강화하는 약물이 사용된다.

이와 같이 모노아민은 정신 기능 및 기분과 관계가 있다. 이러한 점에서도 각성 시스템 및 정신 기능이 깊은 관계가 있다는 것을 알 수 있다.

으로 오렉신 작동성 뉴런에 대한 억제도 약해진다. 결과적으로 오렉신 작동성 뉴런의 발화 빈도는 일시적으로 증가한다. 그렇게 되면 오렉신 작동성 뉴런이 모노아민 작동성 뉴런을 흥분시키기 때문에 결과적으로 모노아민 작동성 뉴런의 활동이 원래의 상태로 돌아가게 되는 것이다.

이 메커니즘은 모노아민 작동성 뉴런의 활동이 저하될 때, 즉 각성이 도중에 끊어져 수면으로 기우는 것과 같은 상황일 때 마치 피아노의 서스테인 페달sustain pedal이 피아노 소리를 지속시키는 것처럼 각성 시스템을 유지시키는 기능을 한다.

체내시계와 오렉신

언급한 바와 같이 오렉신 작동성 뉴런은 대뇌변연계나 수면 중추로부터 각각 흥분성 및 억제성 입력 신호를 받아 적절한 활동 상태로 제어된다. 그러나 여러분도 경험해 보았겠지만 각성 수준은 하루 중에도 변동이 있다. 이것은 체내시계로부터 신호에 의해 제어된다고 생각된다. 체내시계는 시상하부의 시교차상핵에 있다. 시교차상핵으로부터 오렉신 작동성 뉴런에 직접 입력 신호가 있다는 것은

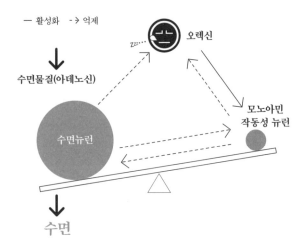

그림 5-2 ◎ 오렉신 작동성 뉴런, 모노아민 작동성 뉴런, 수면중추에 의해
작동하는 삼위일체 시스템. 원의 크기는 활동의 세기를 나타내고 있다.
위가 수면, 아래가 각성을 보여 준다.

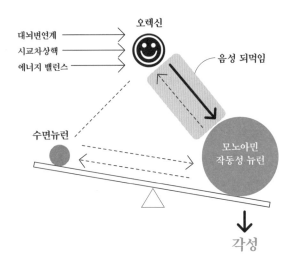

확실하게 증명되지는 않았다. 아마도 시교차상핵으로부터의 정보는 시상하부의 '복내측핵ventromedial hypothalamus; VMH'이라는 부분에서 뉴런을 갈아타고, 오렉신 작동성 뉴런에 입력될 가능성이 높다. 실제 쥐로 살펴보면 오렉신 작동성 뉴런의 발화 빈도가 야간에 높고 주간에는 낮은 것으로 나타난다. 야행성 쥐가 깨어날 시간에 활동이 높아지는 것이다.

앞서 이야기한 바와 같이 오렉신 시스템은 각성 시스템이 켜져 있는 상황일 때만 그 활성을 유지하도록 하고 이른바 안정장치처럼 작용한다. 따라서 체내시계로부터의 출력 신호는 각성 시스템에 입력을 하더라도, 오렉신 작동성 뉴런에는 그다지 영향을 미치지 않을 가능성도 있다. 다시 말해, 체내시계로부터의 신호는 모노아민 작동성 뉴런과 콜린 작동성 뉴런의 활동에 영향을 주지만, 오렉신 작동성 뉴런에는 직접적으로 큰 영향을 주지 않을 수 있다는 것이다. 모노아민 작동성 뉴런 활동의 일내변동日內變動이 간접적으로 오렉신 작동성 뉴런 활동의 일내변동을 만들고 있는지도 모른다. 체내시계와 오렉신 작동성 뉴런의 관계에 대해서는 향후 연구가 기대되는 부분이다.

대뇌변연계 ① '마음'을 만드는 장소

대뇌변연계는 소위 '마음'을 만들어 내는 뇌의 구조물이라고 여겨진다. 대뇌변연계에는 기억에 관계되는 부분인 해마와 사물의 '좋음, 싫음'을 판단하는 부분인 편도체가 존재한다. 편도체는 감각 자극을 받아 그것을 본능이나 기억과 대조하면서 '좋음'과 '싫음'으로 판별한다. 본래 이것은 생존 확률을 높이기 위해 감각계에서 얻은 정보를 바탕으로 가까이 가야 할지, 달아나야 할지를 판단하기 위한 기능이었다고 생각된다. 그것이 인간에게 '희노애락'의 '감정'을 만들어 내고 있는 것이다. 감정이 생겨나면 자율신경계로의 출력 신호를 통해 심장 기능과 상태가 변화하기 때문에, 옛 원시 사람들은 마음이 심장에 있다고 생각했다.

사람에게는 어째서 '마음'이 있는 것일까? 아마도 의사 결정을 위해서라고 생각된다. 인생의 기로에서 선택을 해야 하는 상황이나 혹은 그 정도는 아니더라도 무엇인가 양자택일의 선택을 해야만 하는 경우에 이성적인 판단을 해야 하는데, 시간이 지나도 결론이 나오지 않는 경우가 많다. 모든 일에는 장점과 단점이 함께 있기 마련이기 때문이다. 그래서 '마음'을 사용하여 직관적으로 '좋아하는' 편을 선택하는 것이 필요하다. 여기에 대뇌변연계의 기능이 필연적으로 내재되어 있는 것이다. '행선지는 마음에 물어보라'고 하는 셈이다.

오렉신이 뇌 안에 대량으로 생산되도록 마우스의 유전자를 조작한다면 과연 어떻게 될까? 강력한 각성 물질이 항상 뇌 안에 넘쳐흐른다면 어떤 경우에도 잠을 자지 않는 동물이 되는 것일까? 실제 이런 실험을 해 보았지만, 그런 일은 결코 일어나지 않았다.

　뉴런은 흥분성 인자 또는 억제성 인자가 만성적으로 증가하더라도 일시적으로는 활동이 오르락내리락하다가 곧 원래의 활동으로 돌아갈 것이다. 오렉신이 뇌 안에서 대량으로 생산되더라도 모노아민 작동성 뉴런의 활동이 일시적으로는 오르지만 거기에 대응해서 GABA라는 억제성 신경전달물질을 만드는 뉴런에 의해 억제성 입력 신호가 늘어나기 때문에 곧 원래의 발화 빈도로 돌아오도록 되어 있다. 그렇다고 하더라도 이 마우스가 완전히 정상적인 상태로 돌아오는 것은 아니다. 오렉신이 항상 과잉 상태로 존재하며 수면중추 뉴런이 GABA을 사용해 아민계를 억제하려고 해도 이내 효과가 떨어지게 되어 마우스는 수면을 잘 유지할 수 없다. 즉, 심한 불면증에 빠져 버린다. 따라서 수면 중에 정확히 오렉신 작동성 뉴런의 활동을 억제하는 기능이 필요하다. 다시 말해, 오렉신이 과잉

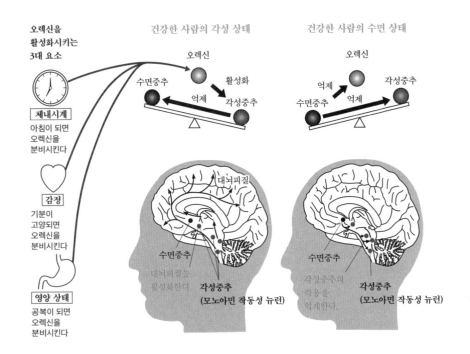

**오렉신을
활성화시키는
3대 요소**

건강한 사람의 각성 상태

건강한 사람의 수면 상태

체내시계
아침이 되면
오렉신을
분비시킨다

감정
기분이
고양되면
오렉신을
분비시킨다

영양 상태
공복이 되면
오렉신을
분비시킨다

오렉신

수면중추

활성화

억제

각성중추

오렉신

억제

수면중추

억제

각성중추

대뇌피질

수면중추

대뇌피질을
활성화한다

**각성중추
(모노아민 작동성 뉴런)**

수면중추

각성중추의
작용을
억제한다

**각성중추
(모노아민 작동성 뉴런)**

그림 5-3 ◎ 오렉신 작동성 뉴런은 신체 상황에 대응하여 각성을 조절한다.

상태로 존재하고 있을 때뿐만 아니라, 오렉신 작동성 뉴런이 적절한 시기에 자극되거나 억제되게 하는 제어가 사라졌을 때에도 수면/각성의 제어 시스템은 원활히 작동되지 않는다.

오렉신 작동성 뉴런은 이렇게 생체 내외의 환경에 대응하여 적절한 각성을 유지하고 행동을 지원하는 기능을 가지고 있다. 감정이나 전신의 영양 상태, 체내시계 등의 정보를 통합하고, 거기에 대응하기 위해 적절한 각성 상태를 유지시키는 역할을 하고 있는 셈이다(그림 5-3). 감정이 고양될 것 같은 상황에서는 그 상황에 대응하기 위한 각성을 유지하고, 공복이 되면 섭식 행동을 할 수 있도록 각성을 유지한다. 반대로 에너지가 충분하고 위험이 없는 상태에 있다면 휴식을 취하고 그 결과 잠이 찾아오는 것이다.

또한 오렉신은 불안장애 등의 병적 상태나 불면증 등에도 관여하고 있다고 추정된다. 앞서 말한 바와 같이 현재 오렉신계에 작용하는 약물(길항제나 효현제)은 불면증 치료제로서 이미 임상적으로 사용되고 있으며, 이외에도 과도한 각성을 수반하는 정신질환인 불안신경증이나 공황장애, 외상후스트레스장애PTSD 등의 치료에도 유용하게 쓰일 가능성이 있다.

앞서 설명한 대로 오렉신 작동성 뉴런은 시상하부외측영역lateral hypothalamic area; LHA에 존재한다. 이 부분은 종래에는 '섭식중추'라고 여겨졌다. 시상하부에는 식욕에 관여하는 중추가 두 가지 있다고 생각되어 왔다(그림 5-4). 복내측핵에 있는 '포만중추(혹은 만복중추)'와 외측 영역의 '섭식중추'가 그것이다.

60년이 님는 이전에도 실험을 통해 밝혀진 바와 같이 복내측핵을 파괴하자 과식으로 동물이 비만이 되고, 반대로 외측영역을 파괴했더니 식욕을 잃고 심한 경우에는 굶어 죽어 버렸다. 한편, 복내측핵을 전기로 자극하면 식욕이 억제되고 외측 영역을 자극하면 섭식 행동이 나타났다. 이러한 점에서 섭식 행동은 이 두 가지 영역의 상반되는 작용에 의해 제어되는 것으로 생각되었다(현재는 궁상핵-활꼴핵, arcuate nucleus; ARC이나 배내측핵-dorsomedial hypothalamic nucleus; DMH의 역할도 중요하다는 것이 알려졌다).

규슈九州대학 명예교수인 오오무라 유타카大村裕 박사는 1960년대 카나자와金沢대학 의학부에서 교수로 재직하고 있을 당시 섭식중추인 시상하부외측영역에서 세포 바깥의 글루코스glucose 농도가 높아지면 발화 빈도가 저하되는 뉴런을 발견했다. 이 뉴런은 '글루코스 감수성 뉴런'이라고 불리고 식욕의 제어에 중요한 역할을 하고 있다고 생각되었다.

오렉신이 존재하는 곳은 바로 이 섭식중추에 딱 일치하는 영역이었다. 그래서 처음에는 우리도 오렉신과 식욕과의 연관성에 착안하여 연구를 진행했다. 그리고 실제로 오렉신을 동물 뇌 속으로 투여하자 섭취량이 확연하게 증가한 것이다. 그러나 얼마 안 되어 오렉신은 각성에 관여하는 물질로 밝혀졌다. 이것은 무엇을 의미하는 것일까?

결국 우리는 그 열쇠를 찾았다. 오렉신 작동성 뉴런의 성질을 조사해 보니 식욕 조절에 관여하는 물질에 의해 명확하게 그 활동을 변화시키는 것이 밝혀진 것이다.

그 물질에 포함된 것은 렙틴leptin과 그렐린ghrelin이라는 호르몬이다. 렙틴은 전신의 지방 세포에서 분비되고 시상 하부의 궁상핵이라는 부분에 작용하여 식욕을 억제한다. 한편, 그렐린은 위에서 분비되어 식욕을 항진시킨다. 오렉신 작동성 뉴런은 렙틴에 의해 억제되고 그렐린에 의해 흥분하는 것이 밝혀졌다. 즉, 식욕 제어 시스템과 명확한 연관성을 가지고 있었던 것이다. 이 때문에 오렉신 작동성

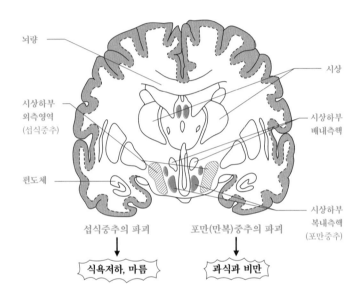

뇌량

시상

시상하부
외측영역
(섭식중추)

시상하부
배내측핵

편도체

시상하부
복내측핵
(포만중추)

섭식중추의 파괴

포만(만복)중추의 파괴

식욕저하, 마름

과식과 비만

그림 5-4 ◎ 섭식중추와 포만중추

뉴런은 영양 상태에 대응하는 섭식 행동을 유지하기 위해 각성을 제어하는 기능을 가지고 있는 것으로 유추되었다. 또한 이미 설명했듯이 오렉신 작동성 뉴런은 혈당이 높은 상태에서는 억제되어 혈당이 떨어지면 발화 빈도가 증가되는 것으로 알려졌다. 이것은 앞서 말한 글루코스 감수성 뉴런의 성질 그 자체다.

점심 식사 후 나른하게 졸릴 때가 많다. 이것은 왜일까? 흔한 속설로 "소화를 위해 위장에 혈액이 모이기 때문에 뇌에 피가 가지 않게 되어서 졸린 거야"라고 말하지만 실제로는 그렇지 않다. 뇌는 전신에서 가장 혈액이 필요한 장기이고 뇌의 혈류는 항상 가능한 한 충분하게 확보되도록 조절되어 있다. 예를 들어 큰 출혈이 있는 경우에도 소화 기관이나 근육, 피부 등으로 가는 혈류를 적게 하고 뇌로 집중시킨다. 하물며 소화를 시키기 위해 뇌로 가는 혈류를 희생시키는 일은 있을 수 없는 것이다.

그렇다면 왜 졸린 걸까? 그 원인 중 하나는 일주기 리듬을 주관하는 시교차상핵에서 출력 신호가 하루 내에 오전, 오후 시간의 흐름에 따라 변화하는 일내변동 때문이다. 점심을 지나면서 뇌를 각성시키는 방향으로의 출력 신호가 일시적으로 저하되는 것을 원인으로 생각하고 있다.

그러나 그것만으로는 식후의 졸음을 설명할 수 없다.

배가 부르면 혈당이 약간 올라가고 공복이 되면 혈당은 내려가는 것으로 알려져 있다. 이 변동은 뇌척수액 중의 글루코스 농도에 반영된다. 그리고 이 변동은 오렉신 작동성 뉴런의 발화 빈도를 크게 변화시키기에 충분한 변동폭을 보이고 있다. 혈당이 떨어지면 오렉신 작동성 뉴런의 발화 빈도는 올라가고 혈당이 올라가면 오렉신 작동성 뉴런의 활동은 저하된다. 이러한 점이 식후 졸음에 관여하고 있는지도 모른다.

우리는 유전자 조작으로 오렉신 작동성 뉴런을 파괴한 마우스를 사용하여 영양 상태와 마우스의 각성 수준에 대해 알아보았다. 일반 마우스는 단식을 시키면 잠시 동안 활동량이 증가된다. 보통 자고 있어야 할 낮 동안에도 잠을 희생하며 활발하게 움직인다. 다시 말해, 먹이를 찾고 있는 것이다. 이 변화는 오렉신 작동성 뉴런을 파괴한 마우스에서는 나타나지 않는다. 즉, 공복 때 눈이 초롱초롱 빛나며 먹이를 찾는 행동을 지원하는 것이 오렉신이라는 것이다.

공복 시에는 혈당이 떨어져 몸이 수척해지고 렙틴이 저하된다. 이로 인해 오렉신 작동성 뉴런의 활동은 항진된다. 그리고 모노아민 작동성 뉴런에 작용하여 각성 수준을 상승시키고 주의력을 향상시키며 교감신경도 흥분시켜 온몸을 이른바 '전쟁 준비 태세'로 조정해 나간다. 야생동물에게 먹이를 사냥한다는 것은 전쟁과 마찬가지다.

　배가 고플 때 심신의 기능을 목표 지향적 행동으로 변환시키는 오렉신은 '헝그리 정신을 담당하는 물질'이라 말해도 좋을 것 같다.

대뇌변연계 ② 편도체

많은 사람이 아기 고양이를 보면 귀엽다고 느끼고, 꽃을 보면 아름답다고 느끼고, 아름다운 풍경을 보면 가슴이 고동친다. 그것은 어째서일까? 매일 무엇인지 모른 채 느끼는 어떤 감각에도 좋아하는 감각과 싫은 감각이 있다. 싫은 냄새와 좋은 향기, 아름다운 풍경과 더러운 것, 기분 좋은 맑은 음색과 칠판에 손톱을 긁는 소리, 편안한 촉감과 불쾌한 피부 감각 등 오감에는 크게 나누어 좋아하는 감각과 기피하는 감각이 있다. 그 판단을 하는 것이 대뇌변연계이며, 그중에서도 편도체라는 부분이 특히 중요한 역할을 한다. 감각은 대뇌피질에서 처리되는 동시에 편도체에도 전달되어 '좋다' 혹은 '싫다'로 판단하는 것이다. 단순한 지각에 특별한 의미를 부여한다고 할 수 있다. 또한 감정은 교감신경계의 흥분과 각성 수준을 동반 상승시킨다. 이것은 편도체에서 시상하부와 뇌간에 출력 신호를 주는 것에 의한 결과로, 자율신경계나 내분비계의 작용에 변화가 일어나기 때문이다.

또한 편도체는 감정 기억과도 관련이 있다. 감정 기억이라는 것은 감각계에서 얻은 정보를 특정 감정과 결부시킨 기억이다. 좋지도 싫지도 않던 것이 좋아진다거나, 싫어했던 것이 좋아지거나, 좋아했던 것이 싫어질 수 있다. '파블로프의 개' 이야기는 여러분도 익숙할 것이라 생각한다. 1902년에 생리학자 파블로프는 침이 입 밖으로 나오도록 수술한 개를 이용하여 침샘을 연구하던 중 사육사의 발소리에 개가 침을 분비하는 것을 발견했다. 이에 힌트를 얻어 벨을 울린 후 먹이를 주는 행동을 반복하였다. 그 결과, 개는 벨을 울리는 것만으로도 침이 나오게 된다는 것이다. 이 경우 이전에는 발소리나 벨소리가 개에게 아무 의미가 없는 것이었지만(싫지도 좋지도 않은 것이었지만), 먹이를 함께 주는 행동에 의하여 그들이 '좋아하는' 소리로 변화한 것이다. 편도체에는 미각과 청각도 정보로 입력되어 있다. 이에 따라 좋아하는 맛과 의미 없는 소리가 통합되면서 본래 의미 없던 소리가 좋아하는 소리로 바뀐 셈이다.

반대의 경우도 있다. 전쟁에서 돌아온 병사가 헬기 소리를 듣는 것만으로도 심장이 두근두근 크게 뛰고, 안면이 창백해지며, 두려움 때문에 서 있을 수조차 없는 경험을 할 수 있다. 헬리콥터 자체는 원래 두려움의 대상이 아니지만, 두려움을 체험했을 때 헬기 소리를 함께 들었기 때문에 그 소리에 두려움을 느끼게 된 것이다.

일상생활에서 이러한 메커니즘은 항상 작동한다. 이것은 본래 생물이 자연계에서 생존 확률을 높이기 위한 메커니즘이지만,

이러한 '마음'의 작용이 하루하루의 생활에 재미를 곁들이는 경우도 있고, 마음을 움츠려들게 할 수도 있다.

대뇌변연계 ③ 해마

해마는 측두엽의 내측에 존재하는 구조물이다. '해마^{hipocampus}'라는 말은 '해마 어류^{common seahorse}'라는 의미지만, 원래는 그리스 신화에 나오는 가상의 동물이다. 앞부분은 말의 모습으로 앞다리에 물갈퀴가 붙어 있고, 뒤의 절반은 물고기의 꼬리로 되어 있다. 신화에서 해신 포세이돈의 아들 트리톤이 네 마리 해마가 끄는 마차를 타고 있다. 그런데 대뇌변연계 안에 있는 해마를 보면 분명히 해마 어류의 모양을 하고 있다. 이 부분은 '기억'에 깊이 관계되어 있다고 한다. 성인 새끼손가락만 한 크기의 해마가 기억에 관계되어 있는 것으로 인식된 것은 다음과 같은 일이 있었기 때문이다.

지금으로부터 60년 이상 전의 일이다. 맨체스터 출신의 H.M^{Henry Gustav Molaison} 씨는 어린 시절부터 난치성 간질발작을 앓고 있었다. 그는 펜실베니아주 하트퍼드^{Hartford}병원에서 진료를 받았다. 주치의였던 스코빌^{William Beecher Scoville}은 간질발작의 초점이 되는 측두엽 내측에 있는 해마를 양쪽 모두 절제하는 수술을 했다. 그 후 H.M씨의 간질발작은 상당히 개선되고 약으로 충분히 조절되는 정도가 되었다. 그러나 그 대가로 매우 심각한 문제가 생겼다. 사건을 기억하지 못하게 된 것이다. 예를 들어, 5분 전에 있었던 일이 기억나지 않고, 5분 전에 만난 사람도, 무엇을 하고 있었는지, 무엇을 먹었는지도 전혀 떠올리지 못했다.

신경외과 의사인 스코빌은 심리학자 밀너^{milner}와 함께 1957년 H.M 씨의 사례를 논문으로 보고했다. 그는 수술 후 50년 이상에 걸쳐 추적 조사를 하며 해마의 기능을 해명하는 데 중요한 역할을 했다.

수술을 한 H.M 씨는 의사의 이름도 자신이 병원에 오게 된 경위도 전혀 생각나지 않았다. 더욱이 수술하기 전 수년간의 기억에도 문제가 생겨났다. 그러나 그 이전의 것은 완벽하게 기억했고 미국 역대 대통령의 이름이나 자신이 살았던 집 주소, 전화번호도 거침없이 술술 말할 수 있었다. 지능테스트에서는 평균보다 오히려 좋은 성적을 기록했다. 그러나 테스트하고 난 10분 후에는 지능테스트를 했다는 기억조차 완전히 잊고 있는 것이었다.

해마라는 말을 들어 봤거나 이미 아는 사람 중에는 해마가 하드디스크처럼 기억의 전부를 담당하는 부위라고 착각하는 경우가 있다. H.M 씨의 예를 봐도 알 수 있듯이 실제로 기억에는 다양한 종류가 있고 해마는 기억장치의 일부를 구성한다고 생각하는 것이 옳다.

한 예로, 기억에는 단기 기억과 장기 기억이 있다. 지금 현재 실시간으로 무엇인가를 생각할 때에도 기억은 필요한 것이다. 마치 컴퓨터가 RAM 위에서 작동하는 것과 마찬가지로 '오늘 은 화창합니다'라는 말을 듣고 이해할 수 있는 것은 '오늘은'이 라는 말을 기억해 두었다가 나중에 '화창합니다'를 들었을 때 결합시켜 생각할 수 있기 때문이다. 이러한 기억을 단기 기억 이라 한다. 단기 기억은 단지 시간적으로 매우 짧은 시간 동안 기억한다는 의미지만 사고를 하는 데 매우 중요한 부분이다. 이러한 기억은 '작업 기억$^{working\ memory}$'이라 불리는 기능과 거의 동일하다. 그리고 작업 기억의 기능은 해마가 아니라 전두엽에 있다. 따라서 H.M 씨도 지능테스트나 가로세로 낱말퀴즈는 정상인과 동일하게 할 수 있는 것이다. '이 순간을 제외한 모든 것을 기억한다'는 말이 있는데 실은 '이 순간'조차도 기억의 일 부인 것이다.

한편, 본래 의미의 기억이라고 할 수 있는 장기 기억은 대뇌피질 의 여러 부분에 분산되어 축적되는 것으로 생각되고 있다. 그 것들을 전두엽으로 끌어와서 사용하는 방식이다. 그렇다면 해 마는 어떠한 역할을 하는 것일까? 해마는 다양한 경험이나 감 각을 장기 기억으로 저장되는 형태로 변환한다고 볼 수 있다. 그리고 수년 동안 대뇌피질쪽으로 기억을 옮겨 가는 것이다.

6장

잠을 조절할 수 있을까?

인간은 어디까지

불면증 치료제, 그리고
'잠들지 않고 살 수 있는 약'의 가능성

"잠은 눈꺼풀을 덮으면
좋은 일도 나쁜 일도 모든 것을 잊게 하는 것."
-

호메로스^{Homer}, 『오디세이아』

수면과 각성에 영향을 주는 물질

앞서 수면부족에 대항하는 수단은 없다고 말했다. 그러나 어떻게 해서든 인공적인 수단을 활용하여 잠자지 않고 살 수 있는 방법은 없는 것일까? 혹은 잠자지 못해 고통받는 사람을 치료하는 방법은 없는 것일까?

3장부터 5장에 걸쳐 수면과 각성을 제어하는 뇌의 메 커니즘을 살펴보았다. 그 안에서 다양한 신경전달물질이 뇌 기능들을 중개하고 있는 것을 알 수 있었다. 이 메커니 즘과 신경전달물질에 영향을 주는 물질은 수면과 각성에도 큰 영향을 미치게 된다. 더구나 모노아민 작동성 시스템이 나 콜린 작동성 시스템에 영향을 주는 물질은 매우 많다.

가까운 사례를 보면 감기약을 복용했을 때 잠이 오는 사람을 종종 볼 수 있다. 감기약 복용 주의사항에 '복용 후 운전을 하지 않도록 하세요'라고 기재되어 있을 정도로 이것은 일반적으로 흔히 볼 수 있는 현상이다. 감기약에는 항히스타민제라고 하는 모노아민 작동성 시스템의 일부를 구성하는 히스타민 작용을 억제하는 약물이 포함되어 있기 때문에 졸린 것이다.

또한 최근 항우울제로 자주 사용되는 SSRI^{selective serotonin reuptake inhabator}라는 약물은 세로토닌(이것 역시 모노아민의 하나다)의 작용을 증가시키는 기능이 있다. 이 때문에 부작용으로 수면에 영향을 주기도 한다. 이들은 어디까지나 복용 본래의 목적이 아닌 부작용에 의한 현상이지만, 반대로 생각하면 약물 등을 통해 적극적으로 잠을 제어할 수 있는 방법이 존재할 수 있다는 의미가 된다. 어떤 물질이 수면에 영향을 주는지 알아보자.

각성제가 무서운 이유

인간의 수면을 연구하는 데 유리한 점은 수면에 관여하는 메커니즘이 진화론적으로 매우 오래되었기 때문에 포유류에서의 수면/각성 제어 메커니즘이 기본적인 부분은 잘 보존되어 있다는 것이다. 7장에서 소개할 수면 습관은 동물 종에 따라 커다란 차이가 있는데, 실은 그 기저의 수면/각성 전환 메커니즘은 공통적이다. 그 때문에 옛날부터 많은 동물실험이 이루어지고, 인간의 수면/각성 제어 메커니즘에도 공통되는 다양한 것들이 밝혀져 왔다.

특히 최근에는 유전자를 조작한 마우스로 이루어지는 연구가 많은데 그 연구 결과들은 충분히 사람에게 응용될 수 있다. 하지만 이것이 감정이나 보다 고차적 기능에 대한 연구로 이어지지는 않는다. 사람과 동물 종간의 차가 매우 크기 때문에 다른 동물 종에서 얻은 연구 결과와 지식이 그대로 사람에게 적용된다고는 할 수 없다. 그 해석에는 냉철한 과학적인 고찰이 필요하다.

동물을 대상으로 한 수면 연구에서 자주 활용되는 측정기기는 뇌파와 근전도다. 이 두 가지로 수면/각성 상태를 파악할 수 있다. 여기에 동물의 움직임이나 행동을 모니터하는 시스템을 조합하면 완벽하다. 그리고 수면을 조작하기 위해 뇌의 국소 부분을 전기적으로 자극하거나, 다양한 약물을 투여하여 수면의 영향을 조사하기도 한다. 뒤에서 말할 내용이지만, 최근에는 빛으로 뉴런을 조작하는 기술도 많이 사용된다.

우선 논렘수면을 유도하는 물질에 대해서는 3장에서 이야기한 것처럼 수면박탈을 시킨 개의 뇌척수액을 다른 개에게 투여하자 졸음이 유발된 것에서 수면물질의 존재에 관심이 쏠렸다. 뇌 안으로 투여하면 수면을 유발시키는 물질 중에는 프로스타글란딘 D2나 아데노신 등이 있다. 그 메커니즘에 대해서는 이미 3장에서 소개하였다.

다음으로 렘수면에 관여하는 물질에 대해 알아보자. 주베는 1960년대에 아트로핀atropine이라는 아세틸콜린 작용을 저해하는 약물을 고양이에 투여하자 렘수면이 억제되는 것을 보고 아세틸콜린과 렘수면이 밀접한 관계에 있다는 것을 발견했다. 또한 아세틸콜린을 뇌간의 다리뇌 부분에 국소적으로 투여하자 아주 긴 렘수면이 유도되는 것을 관찰하였다.

그럼 각성을 이끌어 내는 물질에는 무엇이 있을까? '각성제'는 말 그대로 각성을 항진시키는 작용이 있다. 각성제의 작용 기전은 주로 모노아민계에 영향을 준다. 신경 말단에서 분비되는 모노아민은 모노아민 운반체monoamine transporter 분자에 의해 신경말단에서 재흡수되므로 시냅스 간극synaptic cleft에 쌓이지 않고 농도가 감소한다. 하지만 이 모노아민 운반체를 저해해 버리면, 모노아민이 시냅스 간극에 쌓여 강하게 작용하게 된다. 이러한 작용을 하는 물질이 바로 코카인cocaine이나 암페타민amphetamine 등의 각성제다.

모노아민의 일종인 도파민은 '보상'에 관계하고 있다. 각성제의 작용으로 도파민이 증가하면 동물은 증가 원인이 되는 행동을 강박적으로 반복하게 된다. 다시 말하면, 각성제를 복용하는 행위 자체를 되풀이하게 된다. 이것이 바로 각성제 중독이다. 게다가 이렇게 되면 뇌 시스템에 이상을 초래하여 각성제가 아니고서는 기쁨의 감정을 느낄 수 없게 된다. 즉, 코카인이나 암페타민 등은 뇌의 보상 체계에 직접적인 영향을 끼치는 무서운 물질인 것이다. 한편, 각성제에 의한 모노아민 운반체 저해는 시냅스에서 노르아드레날린과 세로토닌의 농도를 높인다. 이들은 각성 물질이기 때문에 당연히 각성이 항진된다.

오렉신 역시 각성에 관여하는 물질이다. 동물의 뇌 안에 오렉신을 투여하면 강력하게 각성이 유도된다(오렉신은 말초에 투여해도 뇌 안으로 전달되지 않기 때문에 뇌 안으로 직접 투여할 필요가 있다). 마우스가 보통 연속해서 깨어 있는 시간은 고작 2시간 정도지만, 오렉신을 뇌 안에 투여하면 4시간 동안 각성이 유지된다. 이것은 오렉신이 모노아민 작동성 뉴런을 강하게 활성화시켜 각성을 만들어 내기 때문이다. 이와 같이 불과 얼마 안 되는 종류의 물질로 수면

과 각성을 조절하는 것이 가능하다. 그렇다면 수면장애를
치료하는 것도 쉽지 않을까? 유감스럽게도 아직까지 그렇
게 간단하지는 않다.

불면증 사람들에게 희소식일까?

1장에서 "잠보다 더 효과적인 치유는 없다"고 말했다. 병
에 걸렸을 때는 수면을 취해서 신체의 기능을 회복하는 것
이 우선이다. 몸에서도 수면을 활용하기 위한 전략을 사용
하고 있다. 감염증 등으로 신체에 염증이 발생하면 면역을
담당하는 세포에서 사이토카인cytokine이라 불리는 물질이
분비된다. 이 물질은 시상하부에 작용하여 논렘수면을 유
발하는 기능이 있다.

　그리고 '마음의 병'을 앓고 있는 사람에게도 잠은 최
고의 약이다. 수면 중 특히 렘수면 동안은 모노아민 작동
성 시스템이 꺼진다는 것을 3장에서 설명하였다. 모노아
민계의 신경전달물질은 오랫동안 작용하고 있으면 수용체
감도가 저하되는 것으로 알려져 있다. 그것을 방지하기 위
해 수면 중에 가끔씩 모노아민 작동성 뉴런을 정지시키고
있다는 주장도 있다.

또한 세로토닌 등의 모노아민은 기분에도 크게 관여하고 있다. 우울증이나 불안장애에는 앞서 말한 SSRI(시냅스 간극에서 세로토닌을 늘리는 약)가 치료제가 된다. 즉, 모노아민계의 작용이 약해지면 우울증이나 불안장애를 일으킬 수 있다는 것이다. 그렇다고 하면, 수면 시에 모노아민 작동성 뉴런을 일시적으로 정지시킴으로써 모노아민류의 감도를 상승시키는 기능을 할 가능성도 있다. 잠을 자면 불안했던 기분이 어느 정도 후련해지는 것은 이 때문일지 모른다. 수면은 마치 컴퓨터 상태가 좋지 않을 때 '재가동restart'하는 것처럼 뇌의 기능을 회복하는 작용이 있는 것이다.

불면증인 사람들이 '잠을 못 자'라고 생각하는 것은 심각한 문제가 될 수 있다. '잠을 자지 않으면 안 된다'는 강박관념이 생기면 점점 더 잠을 잘 수 없게 된다. 그런 상황에서 약물에 의한 치료가 필요한 경우가 있다. 불면증 치료약으로 사용되는 것 중 하나는 수면 도입導入에 쓰이는 약물이다.

이제까지 수면 도입을 위해 사용되어 왔던 약물로 예전에는 바비탈계barbiturate(바비튜레이트) 약물을 사용하였으나 이는 마취약에 가까워 현재는 잘 사용하지 않는다. 최근에는 벤조디아제핀benzodiazepine 계열의 약물을 주로 사용한다. 벤조디아제핀계 약물은 GABA 수용체 중 하나인 GABA-A 수용체에 작용하여 수용체를 활성화시켜 진정, 이완 작용을 강화시키는 효과가 있다. 이 수용체는 뇌 안에 광범위하게 분포하고 있기 때문에 벤조디아제핀계 약물을 투여하면 뇌의 활동 전체를 억제하게 되고, 그 결과로 수면이 일어나게 되는 것이다. 비非벤조디아제핀계 약물도 폭넓게 사용되고 있는데 이것은 GABA-A 수용체의 아형subtype에만 관여하는 선택성이 높은 약물이지만, 그 작용 기전은 벤조디아제핀계와 거의 같다고 생각해도 좋다.

GABA-A 수용체 기능을 뇌 안에서 광범위하게 높이는 일은 생리적인 수면 메커니즘과는 상당히 다르다. 이미 아는 바와 같이 모노아민 작동성 시스템의 작용이 약해지는 것이 정상적인 수면의 시작이지만, 이러한 수면제는 모노아민 작동성 시스템을 억제할 뿐만 아니라 그보다 상위의 대뇌피질에도 커다란 영향을 준다. 따라서 수면제에 의해 유발된 수면은 정상적인 수면과는 매우 다른 것이 되어버린다.

벤조디아제핀계 약물로 유발된 수면은 뇌파도 정상적인 수면과 크게 다르다. 또한 이들 약물을 사용하면 인지기능과 운동기능에 영향을 끼치는 문제도 있다. 소뇌는 운동계를 제어하는 데 중요한 역할을 하고 있고, 이에 GABA가 중요한 신경전달물질로 작용한다. 따라서 GABA계에 작용하는 약물은 운동기능에 중대한 영향을 미치는 것이다. 또 다른 문제점으로 알코올과의 상호작용이 있다. 알코올 역시 GABA계 뉴런에 커다란 영향을 초래하기 때문에 알코올과 함께 이들 약물이 투여되면 인지기능이나 기억, 운동기능에 보다 강한 효과가 나타나게 된다. 술 취한 사람이 생각이나 기억을 잘 하지 못하고, 비틀거리며 걷는 것을 상상해 보면 알 것이다. 불면증인 사람은 잠을 자기 위해 알코올을 섭취하는 습관을 가진 경우도 많은데, 이것은 심각한 문제가 될 수 있다.

그러다 오렉신이 발견됨으로서 작용 기전이 완전히 다른 획기적인 수면 도입 약물의 개발이 가능해졌다.

5장에서 언급한 바와 같이 오렉신은 각성을 유지하는 물질이며, 그 작용은 모노아민 작동성 뉴런에 작용하여 일어난다. 그러므로 오렉신의 작용을 약물로 차단할 수 있다면, 생리적 수면을 가져오는 것을 기대할 수 있다(그림 6-1). 현재 실제로 그런 약물(오렉신 수용체 길항제)이 개발되어 2014년부터 임상 실험 현장에서 사용되고 있다. 이 약물은 생리적 수면과 매우 유사한 수면을 유도할 수 있는 것으로 확인되고 있다.

오렉신의 작용은 각성을 유지하는 데 있지만, 반대로

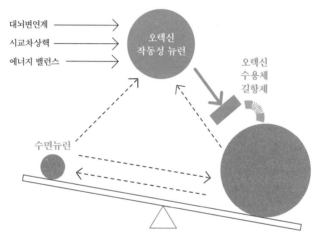

대뇌변연계 ⟶
시교차상핵 ⟶
에너지 밸런스 ⟶

오렉신
작동성 뉴런

오렉신
수용체
길항제

수면뉴런

⟶ 활성화 ⤏ 억제

그림 6-1 ◎ 오렉신 수용체 길항제의 작용기전.
오렉신이 모노아민계를 활성화하는 것을 막는다.

이 기능이 항진되었을 때에는 불면증을 일으킨다. 잠들기 전에는 오렉신을 생산하는 뉴런의 작용이 저하되어야 하는데, 스트레스나 불안이 이러한 뉴런을 흥분시켜 오렉신의 분비가 과다해지는 것이 불면증의 원인으로 생각된다. 이처럼 과다하게 분비되는 오렉신을 차단하면 수면을 유도할 수 있지 않을까 하는 생각으로부터 효과를 기대하는 것이 바로 오렉신 수용체 길항제다.

언급한 바와 같이, 오렉신 수용체 길항제는 이미 상용화되어 불면증 치료제로 사용되고 있다. 기존에는 불면증 치료제 대부분이 GABA의 작용을 강화시키는 벤조디아제핀를 사용하였으나, 각성에 특이적으로 작용하는 오렉신 수용체 길항제의 등장으로 불면증 약물 치료에 큰 전환점을 맞이하고 있다.

잠들지 않고 살 수 있는 약이 있을까?

지금부터는 이제까지의 이야기와는 반대로, 인위적으로 각성을 조작해 보는 이야기를 하겠다. 미국 국방총성의 국방고등연구계획국DARPA에서 자금을 받은 연구팀이 오렉신 A를 코 안에 분무하면 수면이 부족한 원숭이를 각성시키는 효과가 있다고 보고하였다. 오렉신A에는 눈에 띄는 부작용도 없어 새로운 졸음 방지용 각성제로 기대를 받았다. 수면부족에 시달리는 현대인에게 이것은 꿈같은 이야기다. 이 보고는 오렉신A를 함유하는 비강분무제를 사용하면 인지능력 테스트에서 수면부족 원숭이가 수면 상태가 충분한 원숭이와 비슷한 수행력을 기록했다는 연구 성과를 소개했다. 30~36시간 수면을 박탈시킨 원숭이들을 두 그룹으로 나누어 한쪽에는 오렉신A, 다른 한쪽은 생리식염수를 비강에 분무하고 인지능력 테스트를 했다. 오렉신A를 투여한 원숭이는 수면이 충분한 원숭이와 거의 같은 점수를 기록한 데 반하여, 생리식염수를 투여한 대조군의 점수는 크게 저하되었다. 이때 PET(양전자방출단층촬영)에서도 뇌가 실제로 각성하고 있는 것이 확인되었다. 또한 오렉신A는 졸음을 느끼고 있는 원숭이에게만 효과를 발휘하고 깨어 있는 원숭이에게는 영향을 주지 않는다고 보고되었다.

지난 수십 년 동안 다양한 중추신경흥분제, 다시 말해 각성제가 졸음 방지용으로 사용되어 왔지만, 그 대부분은 습관성이 될 수 있다는 문제가 있고 부작용도 있었다. '잠자지 않고 살 수 있다면 굉장하겠어!'라고 생각한 사람도 많이 있었던 것 같고, 인터넷 뉴스에서는 '수면을 대체

할 수 있는 약물!' 등으로 과장된 제목을 붙인 것도 있었다. 그러나 되풀이해서 말한 것처럼 수면은 심신의 건강과 기능 유지에 필수적인 것이며, 장시간 잠들지 못하는 것이 신체에 주는 영향에 대해 진지하게 생각할 필요가 있다.

이 연구도 그렇지만 '체내시계'나 '수면의학'의 연구 중에는 실제로 NASA와 미국 국방총성이 큰 투자를 하고 있는 것이 꽤 있다. 전쟁이 나면 군대는 시차와 수면부족에 아랑곳하지 않고 군인을 전쟁터로 보내야 하기 때문이다. 수면부족은 치명적인 실수를 범할 위험을 증대시킨다. 이라크와 미국의 걸프전쟁에서 일부 수면부족에 기인하는 것으로 추정되는 실수로 미군은 커다란 피해를 입었다. 미사일을 아군 수송기에 발사해 버린 사례였는데, 전문가들은 잘못 발사한 군인이 작전을 종사한 시간과 그의 평균 수면 시간을 분석한 결과, 수면부족으로 실수가 일어날 만한 상태였다고 결론지었다. 이런 사건을 계기로 미국에서는 군사적인 요청에 의해서도 적은 수면 시간으로 인지기능을 충분히 발휘하는 것을 가능케 하는 연구가 진행되고 있는 것 같다.

하지만 이 연구에는 많은 의문점이 있다. 무엇보다 비강에 분무한 오렉신A가 어째서 각성 효과를 가져오는 것일까? 오렉신A가 각성 효과를 유도하기 위해서는 뇌 안으로 들어가야 한다. 오렉신 같은 펩티드(아미노산이 펩티드 결합으로 만들어진 것)는 경구 투여 시 소화관에서 분해되기 때문에 비강에 투여해 보자는 아이디어지만, 그렇게 해서 혈액 속에 도달한다 하더라도 뇌 안으로 들어가기 위해서는 혈액 뇌장벽blood brain barrier을 통과해야 한다. 이는 오렉신 같은 커다란 물질을 뇌 안으로 통과시키지 않도록 하는 구조물인 것이다. 요붕증diabetes insipidus이라는 질환에서는 바소프레신vasopressin(항이뇨호르몬)이라는 펩티드를 투여하여 치료 효과를 얻을 수 있지만, 이것은 바소프레신이 작용하는 곳이 혈관이나 신장 등 말초기관이기 때문이다. 하지만 뇌 안에 작용해야 하는 오렉신이 왜 비강 분무로 효과가 있는지는 의문이다. 오렉신 수용체는 이상하게 말초 조직에도 존재하기 때문에 이러한 수용체에 작용할 수 있는 가능성은 있지만, 그 작용기전을 정확히 알 수 없다. 이런 이유로 많은 연구자들은 이 연구 결과에 대해서 회의적이다.

그리고 무엇보다 '자지 않고 산다'라는 전제는 절대 없을 것이라 단언한다. 수면은 긴 진화의 역사 속에서도 줄이거나 없앨 수 없었던 더없이 중요한 기능이다. 비록 오렉신 같은 물질로 억지로 각성 상태를 유지한다 하더라도 결국 기능에 장해가 생길 것이다. 또한 필자의 연구팀이 검토한 결과, 오렉신을 지속적으로 발현시킨 마우스도 결국 머지않아 잠을 잔다. 오렉신에 의해 지속적으로 자극되는 뉴런도 곧 시냅스 변화에 의해 원래의 상태로 돌아간다. 오렉신을 지속적으로 투여해서 모노아민 작동성 뉴런 등을 자극했다고 해도 얼마 되지 않아 이 뉴런은 원래의 상태로 돌아가 버리고 결국 잠이 오게 될 것이다.

마우스 실험에서 치료 효과를 보인 오렉신 작용제

단기적으로는 오렉신 또는 오렉신과 비슷한 물질을 사용하여 각성을 조절할 수 있다면 다양한 이점이 있을 수 있다.

생체 내에서 생리활성물질과 동일하게 작용하는 약물을 '작용제agonist(효현제)'라 한다. 방금 언급했듯이 오렉신 자체는 펩티드이기 때문에 복용하더라도 소화기관에서 분해되어 버린다. 주사로 투여하여도 뇌에는 혈액 뇌장벽이 있기 때문에 뇌에 도달할 수 없다. 그래서 소화관에서 분해되지 않고 동시에 혈액 안으로 흡수되기 쉽고 혈액 뇌장벽도 통과하는 물질로, 게다가 오렉신 수용체에 결합하여 활성화할 수 있는 화합물이 개발된다면, 오렉신의 작용을 약으로 증강시키는 것이 가능하게 된다. 불면증 치료약인 오렉신 수용체 길항제에 비해 개발은 어렵지만, 현재의 신약 개발 기술을 가지고 집중한다면 불가능한 일은 아니다. 실제로 최근 츠쿠바대학 연구팀은 각성에 관여하는 오렉신2 수용체 작용제(수용체에 결합하여 활성화하는 약물)를 개발하여 기면증 마우스에 투여한 결과 치료 효과가 있다는 것을 밝혀내고 있다.

물론 엄격한 임상시험 등을 거쳐 치료약으로 상용화된다 하더라도 수십 년 이상의 시간이 필요할지도 모르지만, 이러한 오렉신 작용제가 개발된다면 기면증의 근본적인 치료가 가능하게 될 것이다. 뿐만 아니라 낮의 졸음이나 피로를 유발하는 여러 종류의 수면장애(불면증, 시차증후군, 교대 근무에 따른 졸음, 졸음을 수반하는 우울 상태 등)의 개선에 도움이 될 가능성이 크다. 졸음으로 충분한 인지능력을 발휘할 수 없는 경우도 오렉신 작용제를 사용하여 해소할 수 있을지 모른다. 또한 오렉신은 렙틴이라는 항비만 호르몬의 작용을 강화하는 것으로 알려져 있기 때문에 어쩌면 비만이나 대사증후군의 예방 및 치료에도 도움이 될 것이다. 물론 부작용이나 습관성 사용 문제 등에 관하여 충분한 검토가 필요하다.

지금까지 살펴본 바와 같이 수면과 각성은 신경의 메커니즘과 물질에 의해 일어나는 상태의 전환이다. 거기에 인위적인 조작을 가하면 인공적으로 수면과 각성을 제어하는 것이 가능하다. 그것은 이미 50년 이상 전에도 모루치와 매곤, 주베가 고양이를 활용한 실험에서 증명되었다.

그들의 실험은 고양이 뇌간의 일부분에 전극을 설치하여 전기 자극을 주는 것이었지만, 현재에는 특정 뉴런을 빛으로 자극하는 방법이 기술적으로 가능하게 되었다. 본래는 클라미도모나스chlamydomonas라는 단세포성 녹조류가 가지고 있는 채널로돕신2channel rhodopsin2라는 분자가 있다. 이 분자는 빛에 반응하고 전기활동을 일으키는 성질이 있다. 그래서 이 채널로돕신2를 특정 뉴런에 발현시키고 빛에 의해 전기활동을 일으켜 그 뉴런을 흥분시킬 수 있다.

이 광※ 조작 기술을 이용함으로써 뇌 안의 다양한 뉴런이 각성과 수면의 제어에 관여하고 있는 것을 설명할 수 있다. 우리가 최근 실시한 실험에서는 뇌의 분계선조 침대핵bed nucleus of the stria terminalis; BSTc이라는 부위에 존재하는 GABA 작동성 뉴런을 레이저 광선을 이용하여 특이적으로 흥분시키면 논렘수면을 하던 마우스가 마치 리모컨으

그림 6-2 ◎ 마우스를 빛으로 조종하다

로 스위치를 켠 것처럼 즉시 깨어나는 것으로 나타났다(그림 6-2). 그 외에도 대뇌기저부와 뇌간의 다양한 부위의 뉴런군에 광 조작을 함으로써 각성이나 수면을 유도할 수 있음을 차례차례 보여 주었다. 이것을 바로 사람에게 응용하기는 어렵지만, 이 실험 결과는 뇌 안에 각성과 수면을 담당하는 경로가 여러 곳에 있고, 이들을 조절함으로써 각성과 수면을 이끌어 낼 수 있다는 것을 보여 주고 있다. 미래에는 약물 등으로 자유롭게 수면과 각성을 조절할 수 있는 시대가 올지도 모른다.

일상생활에서도 가능한 수면 조작

실은 어떤 약물 등에 의존하지 않고 사소한 것으로도 수면에 큰 영향을 줄 수 있다. 좋은 수면을 취하기 위해서는 편안하고 잠들기 쉬운 환경을 갖추는 것이 물론 중요하지만, 그러한 내용은 다른 많은 책에서 이미 소개하고 있기 때문에 이 책에서는 그다지 알려져 있지 않은 점과 수면에 대한 메커니즘을 함께 전달할 것이다.

우선은 식사다. 오렉신 작동성 뉴런이 혈당의 영향을 받는다는 것은 이미 전에 설명했다. 너무나 배가 고프면 오렉신 작동성 뉴런의 활동이 높아져 잠들기가 어려워진다. 그렇다고 잠자기 전에 먹는 습관이 생겨 버리면, '식이동기성 주기리듬food entrainable circadian rhythms'(자세한 사항은 다음 장에서 설명)이 작동하여 먹는 시간에 각성 수준이 올라가기 때문에 오히려 잠을 자지 못한다. 그래서 식사는 적절한 양을 취침 4~5시간 전에 하는 것이 좋은 수면을 취하기 위한 방법이 된다.

최근 휴식이나 명상의 효과 등이 밝혀지고 GABA를 함유한 식품이 판매되고 있다. GABA라는 아미노산이 뇌 안에서 수면에도 크게 관여한다는 것은 이 책에서 계속 언급해 왔다. 그래서 GABA를 먹으면 잠을 잘 자는 것이 아닐까라고 생각하는 사람도 있을지 모른다. 그러나 GABA를 입으로 섭취하더라도 혈액 뇌장벽에 막혀서 거의 대부분 뇌 안으로 들어가지 못한다. 뇌는 필요한 것 외에는 함부로 안으로 들여보내지 않는다.

한편, 건강보조식품으로 글리신이라는 아미노산도 판매되고 있다. 실제로 글리신을 섭취하는 경우 수면의 질이 향상된다는 데이터가 있다. 글리신은 일부가 뇌 안까지 들어갈 수 있어서 실제로 작용하는 것 같다. 글리신은 척수 운동신경을 억제함으로써 근육의 긴장도를 낮추는 작용 외에도 시상하부에 작용해서 체온을 낮춘다. 이들에 의해서 수면이 유도되는 것일지 모른다.

사실은 체온, 특히 뇌를 포함한 심부 체온深部體溫과 수면에는 밀접한 관계가 있다. 수면에 들어갈 때 심부 체온은 조금 떨어진 상태가 된다. 인간이 잠들기 전에 일시적으로 손발의 온도가 오르는데, 이것은 손이나 다리 혈관을 확장시켜 체온을 밖으로 발산시킴으로써 심부 체온을 내리게 하는 것이다. 이렇게 뇌의 온도가 약간 떨어지는 것에 의하여 수면이 시작된다. 체온조절에는 시상하부 안의 시각교차앞영역이 중요한 역할을 한다. 시각교차앞영역은 이 책에서 '수면중추'로 자주 등장했지만, 체온조절에도 중요한 역할을 한다.

반대로 체온이 너무 높은 상태에서는 잠들기 어렵다는 것도 알고 있을 것이다. 즉, 잠자기 직전에 너무 뜨거운 물로 샤워한다거나 탕에 들어가는 것은 피하는 것이 좋다. 그러나 손발이 차가워져 있으면 혈관이 수축해 버려서 심부 온도의 발산이 어려워진다. 너무 체온을 올리지 않는 정도로 따뜻하게 자는 것이 중요하다.

그 외에도 체내시계를 잘 제어함으로써 수면에 좋은 영향을 줄 수 있다. 체내시계가 있는 시교차상핵은 매일 아침마다 빛에 의해 초기화된다. 따라서 아침에는 빛을 쬐고 커튼을 여는 등 가급적 밝게 해서 적극적으로 체내시계를 재설정해 주는 것이 좋다. 반대로 밤에 너무 밝은 빛을 받는 것은 잠들기에 좋지 않다.

졸음을 쫓아내고 싶을 때는 지금까지 설명한 체온 이야기를 반대로 생각해서 손발을 차게 해 주면 좋다. 카페인이 들어 있는 차와 커피도 효과가 있지만, 빨리 졸음을 해소하고 싶을 때는 뜨거운 것을 마시는 방법이 효과적이다. 아이스커피 등 차가운 음식을 섭취하면 소화관 점막의 혈관이 냉기로 인해 수축해 버리기 때문에 흡수가 느려지기 때문이다.

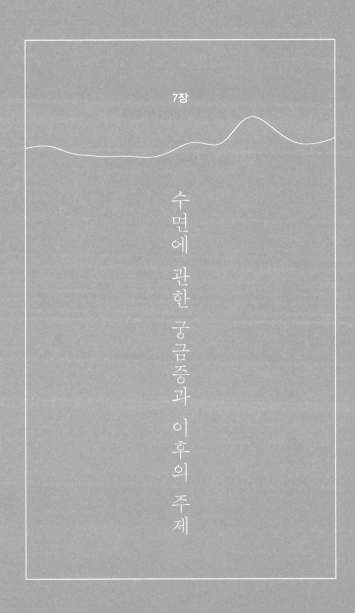

7장

수면에 관한 궁금증과 이후의 주제

꿈의 역할, 배꼽시계부터,
수면물질의 풀리지 않은 수수께끼까지

"산다는 것은 병이다.
잠이 열여섯 시간마다
그 고통을 경감시켜 준다."

–

니콜라스 샹포르 Nicolas Chamfort

지금까지 수면과 각성을 제어하는 뇌의 메커니즘에 대해 이야기했다. 이 장에서는 지금까지 접할 수 없었던 화제를 소개하면서 이제까지의 지식을 정리하고 복습함으로써 우리의 일상에서 체험할 수 있는 수면과 각성에 대한 의문, 그리고 그에 대한 답을 이야기해 보자. 이제까지는 다루지 않았던 부분을 소개하기 때문에 더 다양하고 상세한 지식을 원하는 분에게도 도움이 될 것이다.

Q 몇 시간을 자는 것이 좋을까?

A 매일의 수면 시간은 비교적 큰 개인차가 있는데 6.5시간에서 8.5시간의 수면을 취하는 사람이 70퍼센트를 차지

한다. 4시간 이하 혹은 10시간 이상 잠자는 사람도 비율적으로 각각 100명 중 1명이 존재한다. 조사 대상자가 100만 명을 상회하는 미국에서 실시된 이 대규모 조사에서는 7시간 수면을 취하는 사람이 가장 장수한다고 보고되었다. 7시간 이하 혹은 그 이상을 수면하는 경우 수명이 짧아진다고 한다.

그러나 이 조사에는 몇 가지 의문점이 있다. 첫째, 사람은 나이가 들수록 필요한 수면 시간이 감소한다. 따라서 조사 대상자의 나이가 많아질수록 수면 시간이 짧아지는 것이 당연한 것이지만, 이 조사에서는 그 점이 고려되지 않았다. 또한 어떤 만성질환을 가지고 있는 사람은 당연히 사망 위험이 높고 일찍 사망하는데도 불구하고, 그 사람도 수면 시간은 길 수 있다. 이러한 조사는 어디까지나 수면 시간과 사망 위험율의 상관관계를 나타낼 뿐이고, 인과관계에 대해서는 판단할 수 없는 것에 주의해야 한다.

한편, 인지능력을 조사한 실험에서는 7시간 수면과 9시간 수면을 비교했을 때 9시간 수면을 취한 쪽이 인지능력이 높았다는 결과도 있다. 유명인이나 위인의 수면 시간을 살펴보면, 에디슨과 나폴레옹은 적은 시간 동안 수면을 취한 대표적인 인물로 알려져 있지만, 낮잠을 잘 자고 자주 졸았다는 주장도 있다. 이것이 사실이라면, 결국 6시간

그림 7-1 ◎ 실제로 나폴레옹은 제대로 잠을 잔 걸까?

정도는 잠을 잤던 것 같다. 한편, 아인슈타인은 10시간 이상씩 잠을 잤다고 한다.

그러나 이렇게 여러 가지 주장이 뒤섞여 있는 정보에서 '몇 시간이 좋은가?'에 관해 조급하게 결론을 내는 것은 좋지 않다고 생각한다. 여기에서는 일반적으로 7시간 전후가 많지만, '당신이 다음 날 일어나서 활동할 때 졸음을 느끼지 않고 맑은 정신으로 개운하게 지낼 만큼만 자면 된다'고 말하는 것이 적절한 답변일 것이다. 수면 시간 확보의 필요성은 개인에 따라 큰 차이가 있다. 그리고 개인이 느끼는 졸음은 수면부족을 측정하는 지표로 충분한 역할을 할 수 있다. 건강한 사람에게 나타난 졸음은 뇌가 질적 또는 양적으로 수면부족을 호소하는 것이라 생각해도 좋다.

게다가 수면의 필요성에는 상당한 유연성이 있다. 지금 반드시 해야 할 일이 있다면 잠을 희생하면서 일을 할 것이다. 그리고 잠을 안 잔 상태에서도 상당한 능력을 발휘하는 것이 가능하다. 즉, 수면은 유연한 것이다. 물론 이렇게 무리하면 나중에 반드시 만회할 필요가 있다. 오랫동안 깨어 있는 것이 지속될수록 뇌 안에서 수면부채가 늘어나게 된다. 그렇기 때문에 다음의 수면은 평소보다 깊고 길어지는 것이 일반적이다. 이를 수면의 항상성이라 한다.

이러한 시스템이 있기 때문에 '졸음을 느끼지 않을 만큼 자면 된다'라는 것이 질문에 대한 답변이다.

'얼마 못 자면 안 되는데'라거나 '몇 시간밖에 못 자'라고 생각하는 것은 역설적이지만 반대로 수면에 대한 불안을 가중시키고 숙면에 나쁜 영향을 미칠 수 있다. 그러므로 잠을 충분히 잘 수 없는 상황에 대해 그다지 연연해하지 않는 편이 좋다.

Q 알람시계가 울리기도 전에 눈이 떠지는 것은 왜일까?

A 여러분은 깜박 졸았을 때, 굉장히 긴 시간 잠들었던 것 같은 느낌인데도 불구하고 실제로는 몇 분밖에 지나지 않았거나, 혹은 반대로 조금 잤다고 생각하는데 굉장히 오랜 시간 잠든 경험이 있지 않은가?

분명히 잠은 인간의 시간 감각을 마비시킬 수 있다. 그러한 반면에 자고 있는 동안에도 뇌는 확실히 '시간'을 지각하고 있다. 여러분이 다음날에 특별한 사정이 있어서 평소보다 일찍 일어나야 할 때를 생각해 보자. 대부분 알람시계를 맞춰 놓을 것이다. 그러나 의외로 알람시계가 울리기도 전에 눈이 저절로 떠져서 시계를 보면 바로 정확히 알람 맞춰 놓은 시각 직전이었던 경험이 있지 않은가?

그림 7-2 ◎ 알람시계는 뇌 안에 있다.

독일 뤼벡Lübeck대학의 얀 보른은 최근 이 현상을 규명하려는 실험을 진행 중이다. 피험자에게 기상해야 하는 시각을 미리 알려 준 뒤 잠을 자면 피험자는 해당 시각의 약 1시간 전부터 혈액에 부신피질 자극 호르몬 adrenocorticetropic hormone, corticotropin이 증가하면서 기상에 대비하는 것이 관찰되었다. 이 실험은 기상 시간을 의식하고 나서 수면을 취하면 기상 시간에 가까워 오는 신체를 조절할 수 있다는 것을 보여 주고 있다. 기상 시간을 지시하지 않으면 이런 현상은 보이지 않는다. 내일은 평소보다 일찍 일어나야 한다는 인지는 수면 중에도 뇌를 지배하여 심신을 조절하고 있는 셈이다.

Q 커피나 차를 마시면 잘 수 없는 이유는 무엇일까?

A 커피나 차에는 카페인이라는 물질이 함유되어 있다. 이 카페인에 각성 작용이 있는 것은 잘 알려져 있다. 그 메커니즘은 3장에서 언급한 아데노신이라는 물질과 관련이 깊다. 깨어 있는 시간이 길어지면 길어질수록, 아데노신이 뇌척수액 안에 쌓여 가고, 잠을 불러오는 것으로 생각된다. 그것은 아데노신이 시각교차앞영역, 특히 복외측시각교차전핵ventrolateral preoptic nucleus; VLPO에 존재하는 수면뉴

런에 발현하는 아데노신수용체에 작용하여 이 뉴런을 흥분시키기 때문인 것으로 보인다.

카페인은 아데노신의 길항제로서 작용한다. 3장에서도 언급했듯이, 아데노신이 바로 수면물질이며 수면부채의 구체적 실체라고 생각하는 사람도 많지만, 이것만으로는 수면을 유도하는 현상의 모든 것을 밝힐 수 없다. 특히 유전자 조작으로 아데노신수용체에 결손이 생긴 마우스에게도 수면에 큰 이상은 보이지 않았기 때문에 아데노신 이외에도 수면을 유도하는 시스템이 있다는 것을 알 수 있다. 오사카의 바이오사이언스연구소(당시)의 우라데 요시히로裏出良博박사의 연구에 따르면, 아데노신수용체 결손 마우스에서는 카페인에 의한 각성 작용이 없어진 것으로 나타났다. 이 때문에 카페인이 각성을 일으키는 것은 아데노신이 수면뉴런으로의 작용을 차단하고 있기 때문이라고 생각했다. 그리고 이것은 동시에 아데노신에 의해 수면이 유도되는 시스템이 실제로 존재하고 작동하고 있다는 것을 시사한다(왜냐하면 아데노신을 차단하는 카페인의 각성 작용이 인정되기 때문이다).

Q   시차증후군이 발생하는 이유는 왜일까?

A   지구상의 모든 생물은 지구 자전의 주기, 즉 24시간을 재기 위한 체내시계를 가지고 있다. 이 체내시계에 의해 수면/각성뿐만 아니라 호르몬 분비, 혈압, 체온조절 등의 생리 활동이 제어되고 있다. 생물은 시시각각 변화하는 외부 환경에 최대한 잘 적응하기 위해 유전자 발현이나 생리 활동을 해당 시각에 최적화하려고 하는 것이다. 현재는 생식세포를 제외한 체내의 모든 세포가 체내시계를 가지는 것으로 알려져 있다. 그리고 그 모든 시계를 동기화시키는 기준 시계(모시계, masterclock)는 시상하부의 시교차상핵이다.

이 시계는 1일 1회 빛에 의해 재설정되고 전신의 세포가 가지고 있는 체내시계에 신호를 보내어 동조시키고 있다고 생각할 수 있다. 그런데 해외에 가게 되면 시차도 이 체내시계와 현지 시계의 시간에 차이가 생겨 버린다. 따라서 신체의 내부 환경이 현지 시각에 적절하게 작용되지 않기 때문에 몸의 균형이 무너져 버린다. 이것이 시차증후군이 발생하는 이유다.

하지만 시교차상핵의 시계가 빛에 의해 재설정되기 때문에 해외에서 시간을 보내는 동안 시차증후군은 점점 개선될 것이다. 하지만 실제로는 좀처럼 쉽게 개선되지 않는 경우가 많다. 왜냐하면 이 재설정은 하루에 고작 1.5시

그림 7-3 ◎ 온몸에 있는 체내시계가 시교차상핵에 따른다.

간씩밖에 조정되지 않기 때문이다.

따라서 예를 들어 시차가 12시간인 곳에 가면 최소한 8일 동안 체류하지 않는 한 현지 시간과 체내시계의 동기화가 어려운 것이다. 그러나 실제로 체내시계를 재설정하는 방법은 빛뿐만이 아니다. 다른 장에서 언급한 대로, 식사에 따라서도 재설정이 가능하다. 이 '식이동기성 주기 리듬food-entrainable circadian rhythms'를 이용하여 시차증후군을 원만하게 조절하는 방법이 있다. 식사에 영향받는 것은 시교차상핵의 시계 자체가 아니라 뇌 안의 다른 체내시계인 것 같다. 그리고 식이동기성 주기는 체내시계보다 우선하여 신체를 제어하는 힘이 있다. 그래서 예를 들어 서울에서 로스앤젤레스로 여행을 하는 경우, LA에서 아침을 먹을 시간으로 거슬러 올라가 12~16시간을 단식하고 도착하자마자 아침 식사를 하면 현지에 도착했을 때부터 재설정된 '배꼽시계'가 돌아가기 시작한다. 모처럼의 기내식을 먹을 수 없다는 것은 안타깝지만 말이다.

Q 배꼽시계라는 것이 정말로 있는 걸까?

A 배꼽시계란 표준국어대사전에서 배가 고픈 것으로 끼니 때 따위를 짐작하는 일을 비유적으로 이르는 말로 정

의하고 있다. 점심때가 가까워지면 점심 식사를 하고 싶어진다. 저녁이 되면 또 무엇인가 먹고 싶어진다. 실은 이 현상은 시간이 경과해서 배가 고파지는 단순한 이유 때문만은 아니다. 매일 정해진 시간에 식사를 하는 사람은 그 시간이 다가올 때 허기를 느끼게 된다. 이는 비단 사람에 국한된 것이 아니다. 마우스 및 쥐는 본래 야행성이지만 점심 때 짧은 시간 동안만 먹이를 주도록 하면 식사 시간이 다가오는 낮 동안에 수면을 취하지 않고 활동하게 된다. 단지 먹이를 얻을 수 있기 때문이 아니라 먹이가 올 예정 시간을 예측하여 행농을 시작하는 것이다. 이것을 '식이 예지 행동'이라 한다. 식이동기성 주기는 24시간 주기로 일어나며 식사 시간에 맞춰서 각성 상태, 행동(량), 체온이 최대가 되게끔 한다. 이것은 먹이를 얻을 가능성이 가장 큰 시기에 신체 기능을 향상시켜 활동량을 높이는 기능인 것이다.

일주기 리듬은 시교차상핵의 유전자 발현이 24시간 주기에 따라 변화됨으로써 만들어지는 주기지만, 이 식이동기성 주기, 소위 '배꼽시계'는 시교차상핵이 없어져도 그대로 남아 있다. 즉, 시교차상핵 이외에도 뇌 안에 주기를 만들어 내는 시스템이 존재하고 있다는 것이다. 식사 시간은 체내시계 이상의 영향력을 가지고 있다. 하버드대학의

그림 7-4 ⓒ 식사는 체내시계보다 강력하다!

세이버Saber 연구팀은 시상하부의 배내측핵 부분이 주기 형성에 관여하고 있다고 주장한다. 그러나 이는 반론도 많아 지금도 치열한 논쟁이 이루어지고 있다.

실은 오렉신을 결핍시킨 마우스에서는 이 식이동기성 주기가 만들어지지 않는다. 이 때문에 오렉신은 식이에서 '배꼽시계'에 의한 각성 유지에도 필수적이라고 생각된다. 그러나 오렉신은 주기를 만들어 내는 시스템이라기보다는 주기를 행동으로 내보내는 데 필요한 경로일 가능성이 높다. 즉, 주기를 행동으로 표출하기 위해 오렉신의 각성 작용이 필요하다는 것이다. 어쨌든 식사 시기에 따라 각성과 수면은 큰 영향을 받는다. 자주 밤늦게까지 야식을 먹다 보면 매일 그 시간에 각성 수준이 올라 무엇인가 먹지 않으면 잠이 잘 오지 않을 수도 있다.

Q 꿈에도 특별한 기능이 있을까?

A 옛날부터 사람들을 매혹해 온 꿈은 여전히 불가사의하며 신비롭기까지 하다. 꿈은 어떠한 영적인 메시지이며 하나님의 계시라고 생각하는 사람도 있다. 1장에서도 꿈에 관한 이야기를 했지만, 꿈에 흥미를 가진 사람이 많으므로 다시 한번 꿈의 기능에 대해 다른 관점을 포함하여

생각해 보자.

렘수면 시의 꿈에는 다양한 내용의 이야기가 등장한다(얕은 논렘수면 시에도 꿈은 꿀 수 있지만 복잡한 이야기는 동반하지 않는 경우가 많다). 심리학 영역에서는 꿈은 어떤 소망이 잠재의식 속으로부터 발현된 것이며, 꿈을 분석함으로써 그 사람의 잠재적 욕망과 심리 경향성이 밝혀진다고 생각하는 사람도 있다. 이것은 사람의 욕망에 특히 주목했던 프로이트의 이론에 영향받은 발상이라고 할 수 있다.

프로이트는 꿈을 '억압된 욕망이 표현된 것'이라고 생각했다. 꿈이 매우 강한 감정을 가진 내용을 가지는 경우가 많기 때문에 그렇게 생각한 것 같다. 깨어 있을 때는 충족될 수 없는 욕구가 표면화된 것이 꿈이며, 꿈을 꾸는 것으로 그 욕구가 해방되어 정신적 균형을 유지할 수 있다는 것이다.

반면 신경과학자들은 그렇게 생각하지 않는다. 또한 많은 신경과학자들은 꿈의 내용이나 심리적 해석에는 관심을 보이지 않는다. 어째서 꿈이 발생되는 것인지 그 메커니즘이야말로 신경과학자들의 관심의 대상이다. 그것은 렘수면 때의 생리 현상을 이해하는 데 필수적이기 때문이다.

1977년 하버드대학의 수면학자 홉슨John Allan Hobson과 맥컬리Robert McCarley는 꿈의 생성 메커니즘을 '활성화 생성 가설activation-synthesis model'이라는 이론으로 설명했다. 렘수면 동안 대뇌피질이 각성일 때와는 다른 메커니즘(이 메커니즘에 대해서는 3장에서 언급했다)으로 활성화된다. 감정을 관장하는 부분인 대뇌변연계나 시각을 구성하는 고차 시각영역 등이 활성화되는데, 그때 생성된 이미지가 바로 꿈이라는 것이다. 렘수면 시에는 다양한 현상이나 사고를 이론적으로 정리하는 전전두엽의 기능(알아보기 3) 일부가 저하되어 버리기 때문에 꿈속에서 이상한 일이 일어나도 아무렇지도 않게 생각하는 것이다.

그렇다면 도내체 우리는 왜 꿈을 꾸는 것인가? 꿈 자체에 어떤 기능이 있는 것일까? '꿈은 대뇌피질의 활동에 따른 부수적인 현상이다'라는 주장도 있다. 즉, 수면 중 가끔 어떤 목적을 위해 뇌가 깨어 있을 때와 비슷한 정도로 활발하게 활동할 필요가 있는데, 그때의 정보 노이즈를 인식한 것이 꿈이라는 것이다. 요컨대 꿈에는 아무런 역할도 없다는 주장이다.

하지만 그렇다고 하면 너무나도 '꿈' 자체의 의미가 없어진다. 게다가 '수면 중에 뇌를 일부러 활동시키는 것은 왜일까?'라는 의문도 남는다. 여러분 중에는 이전에 꿈속에서 체험했던 것이 다시 꿈속에서 재현되는 경험을 해 본 사람도 있을 것이라 생각한다. 그것도 시기적으로 어떤 것을 체험한 직후뿐만 아니라, 아주 옛날 일이 꿈에 나올 수도 있다. 이것은 꿈이 '기억'과 관련되어 있음을 시사하고 있다. 또한 꿈의 특징으로 매우 강한 감정을 수반한다고 이미 여러 번 언급하였다. 2장에서도 다룬 내용과 같이, 이것은 렘수면 중에 감정을 담당하는 대뇌변연계가 활발하게 활동하고 있는 것과 관련된다. 꿈에는 다양한 연상을 통해 기억의 조각이 등장한다. 렘수면 때, 감정 시스템인 대뇌변연계가 활성화되고 있는 것은 기억의 '중요도'를 감정에 의해 가중치를 매기고 있는지도 모른다.

대뇌변연계는 감정 시스템인 동시에 기억과도 관련이 깊다. 굉장히 무서웠거나 기뻤던 일, 충격을 받았던 일 등은 생생하게 강한 기억으로 남아 있을 것이다. 이러한 사항들은 '기억해 두지 않으면 안 된다'는 것으로 대뇌변연계에 의해 이름표가 붙여져 기억에 깊이 새겨진다. 꿈에서도 그러한 기억의 가중치를 매기는 일이 이루어지고 있는 것은 아닐까.

또한 홉슨은 꿈속에서 자신이 '운동을 하고 있다'고 보고한 사람이 많다는 점을 지적한다. 이것은 렘수면 동안 뇌의 운동기능을 담당하는 부분이 활동하는 것과 관계되고, 운동 기억(절차 기억)의 강화에 연결되어 있을 가능성이 있다고 하였다.

그러나 따지고 보면 이러한 것들은 꿈의 역할이라기보다는 렘수면의 역할이라는 주장이 맞지 않을까. 렘수면 직후 때마침 눈을 떴을 때 꿈은 기억에 남아 있다. 대개 꿈은 꿨는지 아닌지조차 생각이 나지 않는다. 경우에 따라서는 전혀 꿈을 꾸지 않는 사람도 있겠지만, 그러한 사람도 건강한 일상을 지내고 있는 것이다. 만약 꿈을 '렘수면 시 뇌의 활동이 의식에 이른 것'에 지나지 않는다고 한다면, 꿈 자체의 역할은 없고 그 역할을 하고 있는 것은 렘수면이라는 말이 된다. 렘수면의 기억이 남지 않는 것은 전전두엽의 기능이 떨어져 있기 때문인데, 일부러 그런 시스템이 있다는 것은 소음(혹은 기타 감각)이 의식에 올라오지 못하도록 하기 위해서라고 생각된다.

'꿈(상상력)'이 없는 이야기가 될 것 같지만, 굳이 꿈의 효용이라고 하면 이런 생각이 든다.

전두엽 기능이 일부 저하되어 꿈속에서 이상한 이야기를 만들어 낸다고 하는 주장은 꿈이 영감과 발견으로 이어지는 현상을 설명하기도 한다. 전전두엽은 논리성, 이론성을 담당하고 있기 때문에 때로는 유연하고 비약적인 사고를 하는 것을 방해할 수 있다. 19세기 독일 화학자 케쿨레August Kekulé는 뱀이 꼬리를 물고 있는 꿈을 꾸고 벤젠 고리구조에 대한 영감을 얻었고, 18세기에 활약한 이탈리

아세틸콜린의 발견

이 책의 화제로 자주 등장하는 렘수면과 관계가 깊은 아세틸콜린의 발견에는 사실 꿈이 크게 관련되어 있었다.

아세틸콜린은 자율신경계나 운동신경에서 작용하는 중요한 신경전달물질이다. 독일의 생리학자 오토 뢰비^{Otto Loewi}는 신경과 신경 사이의 전달이 화학물질에 의해 이루어진다고 생각하고 있었지만, 그것을 증명하기 위한 방법을 오랜 기간 동안 모색하고 있었다.

1923년의 어느 날, 그는 꿈속에서 어떤 실험 방법이 떠올라 눈을 뜨자마자 침대 머리맡의 종이에 실험 개요만 쓰고 다시 잠들었다. 그러나 다음 날에는 상세한 기억이 나지 않았고 그렇게 하루를 보냈다. 그런데 운 좋게도 다음 날 또다시 똑같은 내용의 꿈을 꾼 것이다. 이번에는 곧바로 실험실로 들어가 실험에 착수했다.

개구리의 심장을 꺼내 링거액에 담가 부교감 신경인 미주신경을 전기로 자극하면 심장박동은 느려지게 된다. 이때 담가 두었던 링거액을 다른 개구리의 심장에 작용시키면 그 심장박동도 느려지게 되었다. 이것은 링거액에 어떤 물질이 방출되고 그것이 또 다른 심장에 작용한 것을 멋지게 증명했다(이것은 꿈에서 일어난 일이 아니다!). 새벽하늘이 밝아질 무렵 뢰비는 자신이 역사에 남을 만한 대발견을 했다는 확신을 했다. 그는 후에 이 물질이 아세틸콜린임을 밝힌 헨리 핼릿 데일[Henry Hallett Dale]과 함께 1936년 노벨생리학·의학상을 수상했다. 이것도 꿈 속에서 고정관념을 깨는 발상이 나온 사례라고 할 수 있다. 물론 이 성공은 그들이 깨어 있을 때 과제에 몰두하여 여러 실험 방식을 고심하고 있었기 때문에 꿈속에서 그것을 해결할 수 있었던 것이다.

아의 작곡가 주제페 타르티니Giuseppe Tartini는 자신의 침대 바로 옆에서 악마가 바이올린을 켜고 있는 꿈에서 영감을 받아 「악마의 트릴」이라는 명곡을 쓴 것으로 알려져 있다. 다시 말해, 꿈속에서 타르티니가 작곡을 한 셈이다. 게다가 그는 이 명곡을 꿈속에서 악마가 연주했던 곡에는 훨씬 못 미친다며 애석하게 여겼다고 한다. 또한 유명한 예술가 레오나르도 다빈치는 "꿈속에서는 현실 세계보다 사물이 훨씬 더 선명하게 보인다"라고 말했다.

꿈은 대뇌가 전전두엽의 관리에서 해방되어 자유를 만끽하는 순간일지도 모른다. 이것을 꿈의 본래 기능이라고 말할 수는 없겠지만, 부가적으로인 선물처럼 인류의 상상력과 창의력을 높이고 있다고 할 수 있지 않을까 생각해 본다.

Q 예지몽이 실제로 존재하나?

A 꿈에 나온 것이 현실에서 일어나는 것을 '정몽正夢(사실과 일치하는 꿈)'이라고 한다. 또한 꿈의 내용을 분석함으로써 미래를 예언하는 꿈 해석이나 꿈 해몽 등도 있다. 정말로 꿈은 미래를 말해 주는 다른 세계로부터의 메시지인 것일까?

그림 7-5 ◎ 아아, 뭐 좋은 곡이겠지.

우리 신경학자들에게 그런 질문을 한다면 '그런 일은 있을 수 없다'라는 꿈(상상력)이 결여된 답변이 돌아올 것이다. 그래도 '아니, 난 분명히 꿈에 본 것이 실제로 일어났어'라는 사람이 있을지 모른다.

그렇다면 다음과 같은 설명은 어떨까.

렘수면 중에 대뇌변연계가 활발하게 작동하여 그것이 꿈의 감정이 풍부하게 만드는 것은 이미 이야기했다. 대뇌변연계는 감정을 만들어 내는 시스템이지만, 그것은 외부 환경에서 들어오는 정보가 '자신에게 얼마나 의미가 있는지'를 판단하고 기억에 가중치를 부여하는 시스템이라는 것도 앞서 이야기했다. 유익한 것인지 아닌지 여부와 혹은 위험한 것인지 아닌지의 여부를 판단하고 그에 따라 희노애락의 감정이 작용하는 것이다.

무엇인가 마음에 걸린다거나 걱정이 된다는 말은 그 문제가 자신에게 큰 의미를 가진다는 의미다. 그런 사건은 당연히 기억에도 남고 대뇌변연계에 의해 강하게 의미 부여가 된다. 그리고 렘수면 시에는 대뇌변연계가 작동하고 있다.

예를 들어, 친한 사람이 중한 병이나 부상으로 입원했다고 하자. 누구나 그 사람의 안부가 걱정될 것이다. 또는 일주일 뒤에 중요한 시험이나 회사에서 프레젠테이션이 있는데 준비가 충분히 안 되어서 잘할 수 있을지 무척이나 걱정했다고 하자. 그럴 때 '불안'이 대뇌변연계에 의해 만들어지고 그 불안이 관련하는 '병에 걸린 지인', '테스트', '프레젠테이션' 등의 사항과 연결되어 있는 셈이다.

렘수면 중에 대뇌변연계가 활성화되고 공포와 불안의 이미지가 만들어져 기억 단편의 연결체인 꿈에 영향을 주고 있다고 가정해 보자. 병에 걸린 지인에게 무슨 일이 생겼다거나, 테스트에 실패했다거나, 프레젠테이션에서 창피를 당했다거나 하는 꿈을 꾸는 것이 조금도 이상하지 않다.

게다가 그 불안이 맞다 하더라도 그것은 꿈이 아니라도 예상 가능한 것이며, 우연히 꿈에서 보았기 때문에 더 인상 깊어진 것이 아닐까. 반대로 결과가 좋게 나와서 지인이 병에서 회복하거나 테스트를 잘 치르거나 프레젠테이션을 잘 수행하거나 하면 '그건 역몽逆夢(사실과는 반대인 꿈)이었다'고 스스로를 납득시키고는 잊어버리는 것은 아닐까 생각해 본다.

재미없을 수도 있겠지만 우리 신경학자들에게 물어본다면 예지몽은 그런 것이다. 하지만 관점을 바꿔 보면, 우리가 가지고 있는 막연한 불안을 알기 쉬운 형태로 인상 깊게 하는 것이 예지몽이라고 말할 수 있을지도 모른다.

시각영역과 칼럼 구조

이전에 대뇌피질에 관한 부분에서도 언급했지만, 일차시각영역
의 칼럼 구조에 관한 연구가 활발히 진행 중이다. 이 부분의 구
조와 기능에는 놀라운 것이 있다. 또한 사물을 조각조각 제각기
다른 요소로 분해하여 처리하고 기억하는 뇌의 파일 시스템 특
성도 잘 나타나 있기 때문에 여기에서 조금 더 소개하고자 한다.
여러분 모두 안구가 카메라와 같은 구조라는 것을 알고 있을
것이다. 그렇다면 망막에 맺힌 상은 어떻게 처리되는 것일까?
맺힌 상이 그대로 뇌에 투영된다고 생각하는 사람도 많겠지만,
실은 그렇지 않다.

좌우 안구으로부터의 입력은 '반교차' 방식으로 외측슬상체
lateral geniculate nucleus: LGN(시상의 일부)를 경유하고 좌우 대뇌반구
의 후두엽에 있는 시각영역에 도달한다. 이때 왼쪽의 시야는
우뇌에, 오른쪽 시야는 좌뇌로 들어간다. 이때 주의해야 할 것
은 왼쪽 눈의 정보가 오른쪽으로, 오른쪽 눈의 정보가 왼쪽으
로 들어가는 것은 아니다.

오른쪽 눈에도, 왼쪽 눈에도, 각각 오른쪽 시야와 왼쪽 시야가
있다. 즉, 오른쪽 망막의 왼쪽 절반과 왼쪽 망막의 오른쪽 절반
의 정보는 양쪽 모두, 좌뇌의 일차시야영역(V1)에 도달한다. 각
각의 시각 정보가 뇌의 좌반구와 우반구로 나뉘어 입력되는

것이다. 이를 바탕으로 시각영역의 구조를 좀 더 자세히 이야기해 보자.

일차시각영역(V1)은 시각 정보가 가장 먼저 처리되는 뇌의 영역이며 후두엽의 내측면에 존재한다. 여기에 들어온 정보가 그대로 시각 정보로서 뇌에 투영되는 것은 아니다. 시각 정보는 맨 처음으로 안구 수준에서 고도로 분해된 것이지만, 그다음 일차 시각영역에서도 다시 요소별로 산산이 분해된다.

요소는 선의 기울기, 색상, 밝기, 명암 대비 등이다. 여기에서 일차 시각영역의 놀랄 만한 구조를 볼 수 있다. 거기에는 '칼럼 구조'가 질서정연하게 배열되어 있다. 처음 오른쪽 안구에서의 정보를 처리하는 칼럼과 왼쪽 안구에서의 정보를 처리하는 칼럼이 교대로 배열되어 있다. 예를 들어 오른쪽의 시각영역이라면, 좌우 망막의 오른쪽 절반으로부터 정보가 들어온다는 것을 기억하길 바란다. 칼럼은 오른쪽 눈, 왼쪽 눈, 오른쪽 눈, 왼쪽 눈이 교대로 배열되어 있다.

이것을 X축으로 하면, Y축에는 '방향우위성칼럼'이 늘어서 있는 것이 보인다. 이것은 선의 다양한 기울기에 대응하는 칼럼이다. 또한 이 칼럼의 정렬 속에는 사이토크롬 산화효소^{cytochrome oxidase}를 많이 함유한 '물방울무늬^{blob}'라 불리는 반점 모양의 칼럼이

1차 시각영역의 칼럼 구조의 도식: R, L은 각각 오른쪽 눈, 왼쪽 눈에서 정보를 받아들이는 영역(안구우위칼럼ocular dominance column). 이와 직교해서 방향우위성칼럼이 배열한다. 둥근 통 모양으로 그려져 있는 것은 물방울무늬이고, 오른쪽 옆의 숫자는 대뇌 피질의 층 번호를 나타낸다.

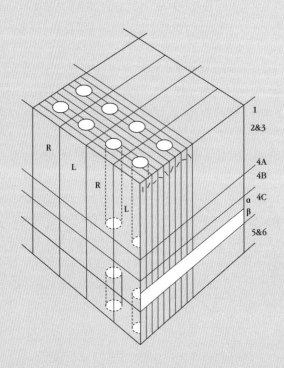

있다. 물방울무늬 안의 뉴런은 색상과 밝기의 차이에 반응한다. 이처럼 시각영역에서는 시각 정보를 먼저 밝기, 선의 기울기, 색상, 어느 쪽 눈에서 들어온 정보인지 등 다양한 요소로 분해하여 각각의 칼럼에서 처리하고 있는 것이다. 이렇게 디지털 처리된 각각의 정보는 고차시각영역(시각연합영역)에서 재구성된다. 이렇게 생각하면 우리가 보고 있는 것은 뇌가 만들어 낸 가상현실이라고 말할 수도 있다.

'아니야, 내가 보고 있는 것은 분명히 존재하는 것이야!'라고 반론하는 사람이 있을지도 모른다. 그렇다면 색상에 대해 생각해 보면 좋겠다. 색상이나 소재는 특정 파장의 빛을 반사하기 쉽거나 반대로 흡수하기 쉬운지를 결정한다. 즉, 망막에 들어오는 빛의 파장이 바로 색상이다. 이것은 하나의 물리적 특성이며, 그러한 물리적 특성을 뇌가 '색상'으로 느끼고 비로소 색상이 되는 것이다.

우리의 뇌가 느끼지 않는 한 '색상'이라는 것은 존재하지 않는다. 색상은 뇌가 만들어 낸 감각인 것이다. 우리의 감각 세계는 분명히 현실에서 일어나고 있는 것이 재료가 되긴 하지만, 뇌를 통하여 그 재료를 알기 쉽게 가공한 정보로 느끼고 있다는 것을 이해할 수 있을 것이다.

Q 몽유병은 어떤 구조에서 일어날까?

A 수면 중에 무의식적인 상태로 일어나 문을 열고 배회하는 등의 행동을 할 때 속칭 '몽유병'이라고 하지만, 본래 명칭은 '수면보행증Somnambulism, sleepwalking'이라는 질환이다. 발병이 시작되는 연령은 3세에서 8세이고, 사춘기 전에 사라지는 경우가 많다. 드물게 성인이 되고 나서 나타나는 경우도 있다. 그중에는 요리를 하거나 자동차를 운전하는 등 아주 복잡한 행동을 하는 사례도 보고되고 있다.

　'몽夢'이라는 글자가 붙어 있기 때문에 몽유병은 꿈과 관계가 있다고 생각하기 십상이다. 꿈속의 행동이 나타나고 있다고 생각하는 사람도 많다. 그러나 몽유병은 깊은 논렘수면(3단계 또는 4단계) 동안 일어난다. 전에 언급했듯이 그 단계의 논렘수면 시에는 꿈을 거의 꾸지 않는다. 그렇기에 몽유병은 꿈과는 관계가 없는 것이다. 논렘수면 동안에는 감각계가 정상적으로 기능하고 있다고 했는데, 그 때문에 몽유병인 사람은 배회하고 있어도 장애물 등을 피할 수가 있다. 배회 후 스스로 다시 침상으로 돌아와 있는 경우도 많다. 그러나 대뇌피질은 깊은 논렘수면 상태이기 때문에 주위의 부름이나 작용에 반응이 없고 완전히 깨우는 것이 어렵다. 또한 깨어났을 때에는 배회한 것을 전혀 기억하지 못한다. 그런데도 여러 가지 행동을 할 수 있는 것은 대뇌가 부분적으로 깨어 있다는 것을 보여 준다. 즉, 몽유병은 깊은 논렘수면과 일부 뇌 기능의 부분 각성 상태가 혼재된 상태다.

이는 3장에서 언급한 수면/각성을 전환하는 메커니즘의 장애라고도 생각된다. 의식이 없는데도 운동을 하다니 '그런 바보 같은!'이라고 생각할지도 모른다. 그러나 본질적으로는 운동하는 데 의식은 필요 없다. 각성 시 운동은 전전두엽의 통제하에 있다. 그리고 전두엽이 적절한 운동 패턴을 선별하고 있다. 오히려 의식을 배제하고 쓸데없는 운동을 제어하는 것이 전전두엽과 대뇌기저핵의 역할이라고 할 수 있다. 전전두엽의 지배를 벗어난 운동 기능이 나타나는 것은 드물지 않다. 여러분도 걸으면서 다리를 어떤 방법으로 움직여야 하는지 생각하면서 걷지는 않을 것이다. 스포츠 선수는 때때로 '무의식적으로 몸이 반응했다'고 말한다. 또한 격투기 시합 등에서 열세인 선수가 의식도 거의 없는 상태에서 역전하여 승리하기도 한다. 이러한 경우를 생각해 보면 의식이 없이도 운동 기능이 나타나는 것을 좀 더 이해하기 쉬울 것이다. 의식이 마음과 신체의 모든 것을 관리한다고 생각하는 것은 오산이다. 오히려 의식이 관리하는 것은 극히 일부뿐이다.

일반적으로 사람은 운동할 때 전전두엽의 보조운동 영역supplementary motor area; SMA과 전운동영역premotor area; PM 에서 운동에 대한 시뮬레이션을 하고 운동 패턴을 선별해서 그것을 실행에 옮긴다. 그러나 운동 패턴 자체의 관리는 일차운동영역primary motor area 및 대뇌기저핵, 소뇌 그리고 뇌간을 중심으로 하는 시스템으로 이루어진다. 이러한 시스템이라면 수면 중에는 전전두엽의 지배에서 벗어난 운동 기능이 나타난다 해도 이상하지 않은 것이다. 덧붙여서, 이러한 운동 패턴을 다듬는 동시에 전두엽의 개입이 적어진다 해도 운동 패턴을 잘 선별하는 것이야말로 '운동 기능 숙달'이라 표현할 수 있다.

운동이라고 하면 스포츠와 같이 격렬하게 움직이는 것만 상상하기 쉽지만, 단어를 말하는 것도 운동이다. 언어중추에서 발어發語를 담당하는 부분은 전두엽 안의 운동 기능과 관계가 깊다. 즉, '잠꼬대somniloquilism'도 몽유병과 매우 비슷한 상태인 것이다. 이것은 언어 기능이 전전두엽의 제어를 벗어나 활동하고 있는 상태다. '이갈이bruxism'도 저작chewing mastication, 咀嚼기능에 가까운 운동 패턴이 나타나고 있는 것이다. 이러한 증상을 종합적으로 '사건수면parasomnias'이라고 한다.

몽유병과 유사한 질환에는 '야경증sleep terror disorder'

도 있다. 이것은 3~10세 정도의 소아의 질환으로 잠든 지 2~3시간 후에 갑자기 큰 소리를 지르며 일어나거나 뭔가에 놀라 겁먹은 것처럼 울어대고 걷거나 뛰어다니는 질환이다.

대부분의 경우 몇 분 이내로 증상이 가라앉고 본인은 이 사실을 전혀 기억하지 못한다. 이 질환도 몽유병과 같이 깊은 논렘수면 단계에서 나타난다. 아마도 아직 수면 시스템이 성숙되지 않았기 때문에 깊은 논렘수면 단계에서 감정 시스템인 편도체가 활동하다가 발생하는 것으로 생각된다.

한편 비슷하게 보이지만 전혀 다른 질환으로 '렘수면행동장애REM sleep behavior disorder'라는 것이 있다. 이 질환은 렘수면의 메커니즘을 생각해 볼 때에도 매우 흥미로운 증상이다. 렘수면행동장애는 중년의 남성에게 비교적 많이 볼 수 증상이다. 3장에서 살펴본 바와 같이, 렘수면 시에는 대뇌가 활발하게 활동하기 때문에 수면 중 신체의 폭주를 방지하기 위해 운동계로의 출력을 차단한다는 것을 떠올려 보자. 렘수면 시에는 뇌교의 콜린 작동성 뉴런(표 3-1. 유형②의 콜린 작동성 뉴런)으로부터의 신호가 글리신 작동성 뉴런을 통해 척수의 운동신경에 억제성 신호를 보내고 있다. 이 때문에 대개 렘수면 시에는 전신 근육이 이

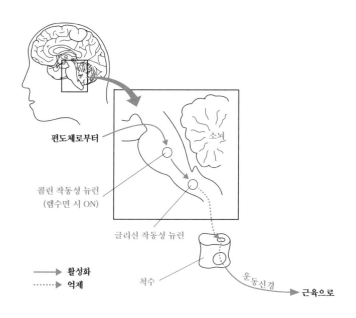

편도체로부터

소뇌

콜린 작동성 뉴런
(렘수면 시 ON)

글리신 작동성 뉴런

⟶ 활성화
┈┈> 억제

척수

운동신경

근육으로

그림 7-6 ◎ 렘수면 시 신체가 움직이는 것을 방지하는 메커니즘

완되어 있는 것이다. 이 메커니즘에 의해 꿈속에서의 행동이 실제 현실에서 신체에 반영되지 않도록 되어 있다(그림 7-6).

그러나 이 메커니즘이 제대로 작동하지 않는다면 어떻게 될까? 그것이 바로 렘수면행동장애다. 렘수면행동장애는 수면 중에 복잡한 행동을 하거나 노래를 큰 소리로 부르기도 하고 간혹 폭력적인 행동이 나타나는 증례도 있다. 옆에 자고 있는 아내를 친다거나 갑자기 뛰어오르고 문이나 창문을 부숴 버리는 경우도 있다. 이때 환자는 싸움하는 꿈을 꾸거나, 학생 시절에 하던 축구나 운동 경기에 나와 있는 꿈을 꿨다고 할 것이다. 또한 꿈속에서는 감정이 생생하게 살아 있는 장면이 펼쳐진다거나 누군가에게 쫓기는 등의 강렬한 이야기가 전개되는 경우가 많다. 그 속에서 자신도 격렬하게 움직이고, 그것이 이와 같은 행동으로 나타나 버리는 것이다. 발작을 할 때에 뇌파를 측정해 보면 이러한 행동이 렘수면 때 일어나는 것을 알 수 있다. 이것은 전에 이야기한 몽유병과는 큰 차이다. 즉, 이 질환은 꿈속에서의 행동이 현실의 신체에 나타나 버린 것이다.

이런 상태는 동물실험에서도 재현할 수 있다. 일찍이 렘수면의 메커니즘을 조사하고 있던 주베는 고양이의 뇌간의 뇌교의 일부를 파괴했는데, 고양이는 렘수면 중에 일어나서 주위를 둘러보고 먹이를 공격하는 듯한 행동을 했다. 즉, 뇌교의 콜린 작동성 뉴런의 일부가 파괴된 결과, 대뇌에서 운동 신경으로의 출력 신호를 차단하는 메커니즘이 제대로 작동되지 않은 것이다. 이때 고양이는 꿈속에서 먹이를 덮치려고 했던 것이 아닐까.

비슷한 현상을 모리슨Morrison도 보고하였는데, 이를 '근이완이 없는 렘수면REM-without-atonia'이라고 불렀다. 이와 같은 일이 일어나는 것이 렘수면행동장애다. 이 질환은 1986년에 쉔크Schenck에 의해 보고되었다.

지금까지 사람의 렘수면행동장애의 원인은 확인되지 않았다. 그러나 뇌간에서 도파민을 만드는 신경세포의 장애로 운동장애 등을 일으키는 질환인 '파킨슨병'을 동반하는 경우가 비교적 많은 것으로 알려져 있다. 도파민 저하가 콜린 작동성 시스템 기능에 변화를 일으켰을 가능성이 있다. 또는 파킨슨병과 같은 신경변성(신경이 손상되어 변성을 일으키는 것)이 관련되어 있는지도 모른다. 실제로 렘수면행동장애는 파킨슨병 외에도 올리브교소뇌위축증 olivopontocerebellar atrophy, 레비소체치매dementia with Lewy body 와 같은 신경변성질환과 관련이 있다고 알려져 있다. 또한 세로토닌계에 작용하는 항우울제인 SSRI가 렘수면행동장애를 일으킬 수 있다는 보고도 있다. 세로토닌과 도파민 등의 모노아민 변화가 렘수면 기능에 영향을 미치는 것이라고 추정된다.

Q 미리 많이 자는 것으로 에너지를 비축해 두는 것이 가능할까?

A 주말이면 평소보다 잠을 더 많이 자는 사람이 많을 것이다. 하지만 이것은 에너지를 축적한다기보다는 매일의 수면부족을 보충하는 것이라고 보는 것이 적절할 것 같다. 3장에서 이야기한 'Two process model'(그림 3-9)을 떠올려 보자. 각성 중에는 수면부채가 뇌 안에 축적되어간다. 이것을 만회하는 것, 즉 수면부채를 갚는 것이 수면이다. 하지만 쌓여 있지도 않은 부채를 갚을 수는 없고, 선불카드처럼 미리 지불해 둘 수도 없다. 다시 말해, 미리 많이 수면한다고 해서 에너지를 축적해 둘 수는 없는 것이다.

반대로 수면부채의 형태로 남아 있는 잠의 부족분을 나중에 갚는 것은 가능하다. 철야를 하거나 잠이 부족했던 그 다음 날은 누구든지 시간이 허락하는 한 오랫동안 수면하려고 한다. 수면이 부족하면 다음 날은 수면이 깊어지고, 또 길어진다. 이것은 많은 포유류에서 나타나는 현상이며 수면의 항상성이라고 부른다. 그러나 미리 수면하는 방법으로 에너지를 축적하는 것이 불가능하다는 답변은 너무나 매정하기 때문에 수면부채와 수면의 항상성에 대해서 좀 더 자세히 생각해 보자.

실제로는 이 단순한 현상의 메커니즘이 아직 알려져 있지 않다. 뇌는 어떻게 수면부족과 충족을 측정하고 있을까? 아직까지 그에 관한 메커니즘을 모르고 있다. 다만 3장에서 언급한 수면물질이 이 메커니즘을 풀어낼 가능성을 가지고 있다. 각성 시간이 길어지면 그만큼 수면물질이 축적되고, 수면을 통해 수면물질을 분해하는 데 오랜 시간이 필요하다는 견해가 있다. 이 수면에 대한 욕구를 수면부채 또는 수면압력이라 부르며 수면물질의 후보로는 아데노신이 유력하다고 설명한 바 있다. 아데노신의 축적이 잠을 부르고 수면 중에 다시 아데노신이 분해되는 셈이다.

어쨌든 뇌의 활동을 통해 수면부채가 늘어나고, 그것이 각성 신호를 상회하면 수면이 유발된다는 것이 유력한 견해였다. 즉, '뇌 전체'의 과거 활동이 수면을 촉진한다는 생각이다. 구체적으로 시각교차앞구역의 수면중추가 활성화되어 뇌 전체에 수면을 일으키는 것으로 생각되어 왔다.

그러나 그 후 아데노신수용체(A2A수용체) 유전자를 파괴한 마우스도 정상적으로 잘 수 있다는 것을 알고는 아데노신만으로 수면부채를 설명할 수 없다는 것을 깨달았다. 또한 이전에 이야기한 바와 같이 최근 수면은 '뇌 전체'가 아닌 좀 더 뇌의 '국소 부위'에서 제어된다는 가능성이 논의되고 있다.

인간의 좌측 대뇌 반구에는 언어를 담당하는 부분이 존재한다. PET 등의 뇌 영상 해석이나 뇌파로 살펴보면, 이 언어 영역 주위가 그 외의 영역보다 빠르게 깊은 잠에 들어가는 것을 알 수 있다. 이것은 각성 시 언어를 구사하기 위해 이 영역을 많이 사용했기 때문에 보다 깊은 잠을 필요로 한다고 생각된다. 마우스나 쥐를 사용한 실험에서도 동일한 현상이 증명되었다. 쥐의 수염은 감각기관이며 뇌의 감각영역 일부에 입력되는 감각 정보를 처리한다. 그리고 각각의 수염으로부터 감각 정보가 입력되는 대뇌피질의 감각영역이 명확하게 구분되어 있다. 이러한 쥐의 특정한 한 개 수염만을 반복 자극하면 이후 수면에는 그 수염의 정보를 처리하는 대뇌피질이 다른 영역보다 깊은 수면에 들어간다.

이렇게 수면/각성의 시스템은 뇌 전체에 영향을 미칠 뿐만 아니라 국소적인 제어도 가능한 것이다. 물론 시각교차앞영역에 있는 수면중추에 의해서 뇌 전체에 수면을 촉진하는 메커니즘도 있다. 하지만 동시에 뇌의 각 부분에서도 마치 '자치구'처럼 수면을 제어하는 것이다. 이것이 국

그림 7-7 ⓒ 부채가 없으니 갚을 일이 없다.

소수면local sleep이다.

　최근에는 대뇌피질의 칼럼 구조 단위까지 수면의 제어가 세분화된다는 견해가 있다. 칼럼은 대뇌피질의 기능 단위이며, 원주기둥(영어로 column)처럼 늘어서 있기 때문에 그렇게 불린다. 각각의 칼럼은 수 만 개의 뉴런으로 되어 있다. 그리고 각성 시에 많이 사용된 칼럼일수록 깊고 긴 수면을 취한다.

　이렇게 뇌에서 국소적으로 보이는 수면항상성 메커니즘은 아직까지 수수께끼다. 그러나 뇌의 국소적인 신경회로의 변화가 관련되어 있을 가능성이 있다. 위스콘신대학의 줄리오 토노니Giulio Tononi는 각성 시에 대뇌피질이 활발히 활동함으로써 대뇌피질의 뉴런간에 시냅스 강도가 전체적으로 올라가는 것이 수면부채와 깊이 관련되어 있다고 생각한다. 시냅스는 그 활동에 따라 전달효율을 크게 변화시킨다. '장기 강화'라는 메커니즘도 그중 하나인데(알아보기 1), 각성 시 뇌를 사용하여 뇌 안의 다양한 부위의 시냅스가 강화되고 있는 것이다. 그것이 지나치게 되면 뇌가 과잉 활동을 한다. 그래서 휴식을 취할 필요가 생겨나는 것이다.

　시냅스의 강도는 그대로 수면의 깊이, 즉 추체세포 pyramidal cell 발화 패턴의 동기성(동기화 되는 성질)의 세기에 관련한다. 그리고 수면은 불필요한 시냅스가 제거되고 필요한 시냅스가 남아 뇌 안의 시냅스가 '최적화'되며, 전체적인 시냅스 강도의 저하와 동시에 수면은 얕아진다고 한다. 다시 말해, 뇌 전체의 시냅스 강도의 세기야말로 수면 부채라는 것이다.

이러한 견해는 국소수면local sleep을 설명하기에도 매력적인 주장이다. 최근에는 이광자 현미경Two-Photon Microscopy 등의 기술로 살아 있는 동물의 시냅스를 관찰할 수 있게 되었다. 이를 통해 논렘수면 중에 과도한 시냅스의 제거가 이루어진다는 사실도 밝혀지고 있다.

또한 최근에는 논렘수면 중에 뇌의 노폐물이 처리된다는 주장도 있다. 1장에서 언급한 글림프 시스템은 논렘수면 중에 기능한다. 각성 중에는 각각의 뉴런은 시냅스뿐만이 아니라 그 주위의 뇌척수액에 존재하는 뇌 안의 물질의 영향을 받으며 제어되기 때문에 함부로 뇌 안을 세척하는 것은 기능에 지장을 줄 수 있다. 그래서 뇌 기능이 저하된 논렘수면 동안 청소를 시행하는 것이다. 가게 점포가 개점 중에 가게를 청소하는 것은 불편하니 폐점 후나 휴업 중에 청소하는 것과 비슷하다.

아데노신과 같은 수면물질 축적과 시냅스 강도의 증가, 노폐물 축적은 모두 주로 각성 중에 일어나고 논렘수면 중에 줄어든다. 아마도 수면의 항상성을 담당하는 '수면부채'는 이러한 요소들이 합쳐져서 만들어지는 현상이라는 것이 현재의 견해. 게다가 별아교세포라 불리는 신경교세포(그림 3-5)가 아데노신을 생산하고 수면을 촉진한다는 주장도 있다.

머지않아 이러한 수면 항상성 메커니즘이 밝혀지길 기대한다. 그것이 규명되면 다양한 수면장애의 치료법이 개발될 가능성이 있고, 또한 수면의 생리적 의의도 완전히 밝혀질 가능성이 있기 때문이다.

Q 사람에 따라 수면 습관이 다른 것은 왜일까?

A 수면 시간에 대한 내용에서도 언급했지만, 수면 습관은 개인차가 크다. 수면 시간의 길고 짧음뿐만 아니라 수면을 시작하는 시간과 기상하는 시간도 편차가 대단히 크다. 그것은 생활습관에 의한 것만은 아니다. 취침 시간과 수면 시간에 커다란 영향을 주는 유전자가 존재하고 몇 가지는 동정되었다. 가족성수면위상전진증후군familial advanced sleep-phase syndrome; FASPS이라는 질환이 있다. 이 질환의 환자는 저녁 8시 이전에 취침하며, 새벽에 일어나지 않고는 견디지 못한다. 이 질환은 'Per2'라는 유전자에 변이가 있

는 것으로 밝혀지고 있다. 이 유전자에는 카세인인산화효소casein kinase δ로 인산화되는 부분이 있는데, 그 부분에 변이가 발생하여 인산화에 의한 제어가 제대로 되지 않는다. 이 때문에 체내시계의 리듬이 단축되어 매우 일찍 졸리고 일찍 눈뜨게 된다. 반대로 수면위상지연 증후군이라는 수면장애도 있는데, 이는 수면 시간과 각성시간이 보통 사람에 비해 매우 늦는 질환이다. 이 질환은 'Per3'라는 시계유전자의 변이로 알려져 있다. 또한 짧은 시간동안 자는 사람들 중에는 DEC2라는 체내시계의 조절 인자를 코딩하는 유전자에 변이가 보고된 바 있다.

이 외에도 시계유전자clock gene 변이가 수면 습관에 큰 영향을 주는 것으로 보고되고 있다. 최근 인간의 개체 차이와 개성의 토대가 되는 것은 다양한 유전자에 미묘한 차이가 축적되는 결과라고 생각하게 되었다. 이를 다형성(알아보기 14)이라 하며, 특히 하나의 염기만의 차이를 가진 다형성을 단일염기다형성Single Nucleotide Polymorphism; SNP이라고 한다. 인간의 유전자에는 무수한 다형성이 있으며, 수면에 관여하는 유전자도 예외는 아니다. 이렇게 수면 습관의 차이는 유전자의 다형성과 관계되어 있다. 실제로 다양한 시계유전자에 수면 습관과 관계하는 다형성이 발견되고 있다(표 7-1). 또는 시계유전자 외에도 수면 습관에 관계하

표 7-1 ◎ 시계유전자의 다형성과 관계가 있는 일주기 리듬 수면장애의 특징

일주기 리듬 수면장애	유전자	다형성	특징
가족성수면위상전진증후군 (FASPS)	Per2	S662G	일주기 리듬의 단축화
	CK1δ	T44A	효소 활성의 저하
수면위상지연 증후군 (DSPS)	Per3	V647G	CK1ε에 의한 인산화 부위 근방의 변이
		VNTR	4-VNTR이 DSPS와 연관
	CK1ε	S408N	DSPS, non-24에서 N408의 비율이 적다. 효소 활성의 상승
주야간 선호 경향 (diurnal preference, Chronotype)	Per1	T2434C	잠재 돌연변이(silent mutation, 아미노산치환 을 동반하지 않음)
	Per2	C111G (5'-UTR)	
	Per3	V647G	
	Clock	T3111C (3'-UTR)	

VNTR: variable number tandem repeat, 종열 반복변이
non-24: non-24-Hour Sleep Wake Disorder, 비24시간 주기 리듬 수면/각성장애
UTR: 비번역 영역(비해석 부위)

는 다형성이 있을지도 모른다.

Q   동물의 수면은 인간과 비슷한가?

A   인간의 수면과 같다고 해도 문제없지만, 엄밀한 의미
에서 수면은 모든 포유류와 조류에서만 확인된다. 정의를
확대한다면 파충류나 기타 하등동물에서도 휴면 상태이
자 수면이라고 할 수 있는 상태가 확인된다. 곤충도 수면
을 한다고 주장하는 연구자도 많지만, 곤충의 수면은 포유
류와 조류의 것과는 구조적으로 매우 다르게 보인다. 특
히 렘수면과 논렘수면의 구별은 포유류와 조류에만 있다
고 생각되어 왔다. 그러나 최근에는 악어 등 일부 파충류
의 수면에도 렘수면과 유사한 상태가 존재하는 것으로 밝
혀지고 있다.

수면 시간은 종에 따라서 다양한 분포를 보인다. 박쥐
와 주머니쥐opossum, 사자 등은 하루 평균 18시간에서 20
시간 동안 잠을 청한다. 그러나 말이나 기린 등의 커다란
초식동물은 3시간 이하로 많은 수면을 취하지 않는다. 또
이러한 초식동물의 대부분은 선 채로 잔다. 일반적으로 피
식자가 되기 쉬운 동물은 포식되는 위험을 피하기 위해 수
면 시간을 줄일 필요가 있고, 더욱이 몸이 큰 초식 동물의

경우 식사에 필요한 시간이 오래 걸리기 때문에 수면 시간이 적어지는 경향이 있다. 이들은 5장에서 언급한 수면과 섭식 행동이 밀접한 관계에 있다는 것을 시사한다. 또 피식자가 되기 쉬운 동물이 긴 시간 수면을 취하면 위협을 받기 쉽기 때문에 알뜰하게 수면을 취하는 경향이 있다. 쥐 등은 야행성이지만 낮 동안 계속 자는 것이 아니라 수분에서 몇 십 분으로 나누어 수면한다.

특수한 수면을 취하는 동물은 물속에 사는 포유류다. 물속에서 낮잠을 자는 것은 때때로 익사로 이어질 수 있다. 그래시 돌고래는 아주 특수한 수면 형태를 진화시켜 왔다. 돌고래는 헤엄치면서 잠을 자는 것이 가능하다. 큰돌고래Tursiops truncatus는 한번 잘 때 한쪽의 대뇌반구만 잠을 잔다. 즉, 대뇌반구가 교대로 수면을 취함으로써 한쪽 뇌는 깨어 있는 상태를 유지한 채로 수면을 취하는 것이다(반구수면:hemispheric sleep). 오른쪽 뇌가 수면 상태가 되면 왼쪽 눈을 감고, 반대로 오른쪽 눈을 감고 있을 때는 왼쪽 뇌가 수면 상태가 된다. 이러한 방식으로 수면하는 사이에도 계속 헤엄칠 수 있는 것이다. 물론 양쪽 대뇌반구가 모두 깨어 있을 때도 있다. 또한 인더스강돌고래Indus river dolphin는 미세수면microsleep을 취하면서 하루 7시간의 수면을 확보한다고 한다.

다형성

유전적 다형성polymorphism은 같은 종의 집단 안에서 유전자형이 다른 개체가 존재하는 것, 혹은 다른 유전자나 DNA 염기서열을 말한다. 예를 들어, 혈액형 유전자는 전형적인 다형성이다. 같은 인간이라는 종 안에서도 A, B, O 세 개의 유전자형이 있기 때문이다.

그러나 혈액형은 유전자형의 차이가 표현형의 차이로 이어지지는 않는다(항간에 널리 알려져 있는 혈액형에 따른 성격 차이는 과학적 근거가 없다). 그 가운데 미묘한 유전자의 서열 차이가 명확히 체질이나 성질의 차이가 되는 경우가 있다. 예를 들어, 신경전달물질과 그 수용체의 유전자형은 많은 다형성이 있다. 도파민 D4 수용체와 세로토닌 운반체Serotonin transporter는 다형성을 가지는 것으로 널리 알려져 있다. 이러한 다형성은 특정 질병에 걸리기 쉽다거나 개인의 성격에도 영향을 미친다고 생각된다. 본문에서 언급한 시계유전자의 다형성도 그러한 예의 하나다.

특히 단 하나의 염기의 차이(단일염기다형성Single Nucleoti-de Polymorphism; SNP가 이러한 차이를 이끌어 낼 수 있다. 이것은 유전적으로 야기되는 '개성'의 '최소 단위'가 되는 것이다. 앞으로는 다형성 분석이 진행되어, 이러한 다형성으로부터 생겨난 개인차를 고려한 의료, 소위 맞춤의료tailor-made medical treatmrent가 행해질 것으로 예견된다.

장기간 계속 비행해야 하는 철새도 반구수면을 하는 것으로 생각된다. 뇌가 교대로 수면을 취함으로써 날아다니는 동안에도 잘 수 있는 것이다. 어떤 종류의 새들은 가끔 급강하고 다시 상승하는 것을 반복한다. 이 급강하 때 수면을 취하고 있다고 생각할 수 있다.

반구수면은 돌고래와 철새뿐만 아니라, 기린에게도 나타난다고 한다. 기린은 목이 매우 길기 때문에 누우면 일어나기가 곤란해진다. 누워서 자다가 외부 포식자에게 표적이 되면 살아날 가망이 거의 없다. 그래서 선 채로 반구수면을 취하는 것으로 보인다. 기린의 수면 시간은 매우 짧다고 알려져 있지만, 반구수면을 취한다고 보면 기존에 생각했던 것보다 훨씬 오랫동안 잠들어 있을 가능성도 있다.

또한 유럽칼새common swift는 8월에 북유럽을 떠나 서아프리카를 경유해서 중앙아프리카 열대우림까지 이동하는데, 열달 뒤의 다음 번식기가 올 때까지 단 한 번도 착지하지 않는다고 한다. 그동안 3천 미터에 가까운 상공까지 올라 활강하면서 내려올 때 수면을 취하는 것은 아닐까 생각된다. 그 외에 군함조fregatidae도 활강하면서 잠을 잔다고 알려져 있다.

이러한 특수한 사례를 살펴보아도 고도로 발달한 뇌를 가진 동물의 생활에서 수면이 결코 빠질 수 없는 중요

그림 7-8 ◎ 자는 것도 꽤 힘든 일입니다.

한 기능이라는 것을 재확인할 수 있다. 또한 고래의 수면에 대해 상세하게 조사한 연구는 아직 없지만, 향유고래 sperm whale는 잠을 잘 때 물에 깊이 빠지지 않도록 수직에 가까운 형태로 몸을 세우고 코끝을 바다 위에 내놓고 잠을 잔다. 아무리 무리를 하고 어떤 위기를 무릅쓰더라도 생활 속에서 수면을 뺄 수 없다.

Q 사람이 성장하면서 수면은 어떻게 변하는 걸까?

A 신생아는 우유를 먹을 때 말고는 거의 자면서 지낸다. 그리고 3~4시간마다 잠에서 깨기 때문에 엄마는 항상 바쁘다. 수면/각성 리듬이 명확해지는 때는 생후 2~3개월 정도다. 아기가 발달하면서 점차 전체 수면 시간이 줄어든다. 깨어 있는 시간이 길어지는 동시에 연속해서 수면을 취하는 시간도 길어진다. 만 1세 정도가 되면, 밤에 잠을 자서 아침까지 잠을 잘 수 있게 된다. 즉, 수면/각성의 상태가 점점 안정화되는 것이다. 유치원에 다니기 시작하는 정도까지는 낮잠을 필요로 하는 경우가 많은데, 그 후로 오후 동안은 계속 깨어 있을 수 있게 된다.

또한 소아는 4단계의 깊은 논렘수면 시간이 길고, 수면 후반에도 4단계의 논렘수면이 확인되는 경우가 많다

(2장에서 이야기한 것처럼 성인은 수면이 진행될수록 깊은 잠이 줄어들기 때문에 수면의 후반부에 4단계의 논렘수면이 나타나는 것이 적어진다). 또한 렘수면의 비중도 매우 높다. 이러한 특성은 소아의 뇌 발달에 깊은 논렘수면과 긴 렘수면이 필요하다는 것을 보여 준다. 소아기에는 뇌 안의 시냅스 재편성이 활발히 일어나고 있고, 이를 위해 잠이 필요한 것일지도 모른다.

성인은 렘수면에서 꿈을 꾸는 경우가 많다. 과연 아기도 꿈을 꾸는 것일까? 또한 엄마 배 속의 태아는 어떨까? 신생아의 수면 시간은 약 16~18시간으로 보는데, 그중 절반이 렘수면이다. 더 거슬러 올라가서 임신 후기의 태아는 거의 24시간 수면 상태에 있다고 할 수 있는데, 그 대부분은 렘수면 상태에 있다. 이것은 콜린 작동성 뉴런 쪽이 모노아민 작동성 뉴런보다 빨리 발달하는 것과 관련된다(렘수면은 모노아민 작동성 뉴런의 도움 없이 콜린 작동성 뉴런이 대뇌피질을 활성화하고 있는 상태인 것을 떠올려 보라. 3장 참조). 그러나 단지 렘수면이라서 꿈을 꾸고 있는 것은 아니다. 꿈은 주관적인 체험이며 태아나 소아에게 꿈을 꾸었냐고 들을 수 없기 때문에 확인하는 것은 불가능하지만, 꿈의 재료가 기억인 것을 감안할 때, 기억의 축적이 없는 태아는 만약 꿈을 꾸고 있다고 해도 우리가 생각하는 꿈과는 다른 형태일 것이다.

다시 수면의 발달에 관한 이야기로 돌아가 보자. 사춘기 수면 시간은 약 8시간 정도이며, 사춘기 이후에는 나이가 들면서 수면 시간이 줄어드는 경향이 있다. 또한 질적인 면에서도 변화를 보이는데, 나이가 들면서 깊은 잠이 줄어들어 간다. 60대 이후가 되면 4단계의 논렘수면이 거의 보이지 않게 된다. 이렇게 뇌의 성장 및 노화에 따라 수면의 필요성이 적어진다. 이것은 수면과 뇌의 발달이 관계하고 있음을 시사한다.

Q 왜 잠을 반드시 자야 하는가?

A 왜 잠이 필요한지는 1장, 2장을 중심으로 이 책 여러 곳에서 이야기했지만, 아직도 여전히 답이 명쾌하지 않다는 사람도 많을 것이다. 실은 이것은 수면과학에 있어 궁극적인 물음이라고 할 수 있는 어려운 문제다. 한때 저명한 수면연구자인 디멘트는 "왜 잠을 자는 것일까?"라는 질문에 "내가 알고 있기에 분명한 것은 오직 하나, 졸리기 때문에 잠을 자는 것이다"라고 대답했다고 한다. 오랫동안 수면에 대해 연구하고 통찰해 온 그조차 이렇게 대답할 수밖에 없었던 것이다.

그림 7-9 ◎ 오랫동안 잘 자는 것은 젊다는 증거

생각해 보자. "왜 먹는가?"라는 질문에 대한 생물학적인 답은 '배가 고프기 때문에'도 아니고 '맛있으니까'도 아니다. '에너지를 얻기 위해서'다. 수면에서도 이러한 명확한 답은 없는 것일까.

수면 중에 무슨 일이 일어나고 있는지에 대한 확실한 답은 없는 실정이다. 1장에서 언급한 것처럼 단면을 함으로써 일어나는 변화는 시상하부에 의한 항상성 기능의 이상이다. 즉, 수면은 시상하부 기능 유지에 관여한다. 렘수면 중에 보이는 자율신경계의 변동은 마치 자율신경계 기능의 설정값set point을 교정하고 있는 것처럼 보이기도 한다. 또 한편으로 수면은 기억을 강화시킨다는 것도 이미 알고 있다. 도대체 뇌 안의 어떤 변화가 이러한 작용에 관여하고 있는 것일까?

앞서 소개한 바와 같이 줄리오 토노니는 수면 중에 시냅스 가지치기synaptic pruning(필요 없는 시냅스를 제거)와 시냅스 형성synaptogenesis이 일어나며, 이것이 학습에 크게 영향을 준다고 생각했다. 그러나 이러한 현상은 각성 시에도 일어나고 있는 일이라서 수면이 필수적인 조건은 아니다. 아마도 각성 시에 뇌가 활발하게 활동할 때와는 다르게 수면 중일 때 이루어져야만 하는 방식으로 시냅스의 변화가 일어나는 것이다. 수면 중에 일어난 뇌의 변화가 기억의 고정 및 시상하부의 기능 유지, 나아가 전신의 항상성 유지에도 크게 관여하고 있는 것이다.

당연히 렘수면과 논렘수면으로 나누어 생각할 필요도 있다. 렘수면의 기능은 먼저 말했던 꿈의 기능과 상당 부분 중복된다. 렘수면일 때는 인지 기능 회복이, 논렘수면일 때는 기억 강화가 일어난다는 주장도 있다. 어쨌든 그러한 현상을 설명할 수 있도록 수면 중의 뇌 그리고 뉴런과 시냅스의 형태적, 기능적 변화를 밝히고, 그러한 변화를 위해 왜 수면이 필요한 것인지 이해할 수 있을 때 진정한 답이 밝혀질 것이다.

확실한 것은 수면이 '뇌의 기능을 유지 및 관리하기 위해 필요하다'는 것이다. 그 유지 및 관리 과정의 세부적인 사항을 규명하는 것이 수면과학의 다음 과제다.

지금까지의 설명으로도 석연치 않은 독자를 위해, 마지막 장에서는 '왜 잠을 자는 것일까'라는 질문에 대한 필자 나름대로의 가설을 말해 보고자 한다.

체내시계

지구상의 거의 모든 생물은 지구 자전주기, 즉 24시간을 가늠하기 위한 체내시계를 가지고 있다. 이 체내시계로 수면/각성뿐만 아니라 호르몬 분비, 혈압, 체온 조절 등의 생리활동이 제어된다. 생물은 시각으로 변화하는 외부환경에 최대한 잘 적응하기 위해 유전자 발현이나 생리 활동을 통해 해당 시각마다 적정한 상태로 조절한다. 그 시계의 본체는 시계유전자라고 불리는 여러 개의 유전자가 피드백제 어루프^{feedback regulation loop}를 사용하여 24시간 주기를 만들어 낸다.

이 시계유전자의 산물에는 다음과 같은 것이 있다. 양성인자인 CLOCK과 BMAL1이라는 분자가 결합해서 음성인자인 PER, CRY 라는 분자의 전사를 촉진하고 PER과 CRY는 그 자신들의 전사를 억제하는 메커니즘으로, 약 24시간 주기 리듬을 만드는 것으로 생각된다. 인간의 몸은 약 60조 개의 세포로 이루어지지만 생식세포를 제외하고는 모든 세포가 체내시계를 가지고 있다고 생각할 수 있다. 그리고 시상하부의 일부인 시교차상핵에 기준시계가 있고, 온몸의 시계를 동기화시키고 있다. 일반적으로 체내시계라고하면 이 시교차상핵을 가리키는 경우가 많다. 시교차상핵은 망막의 특수한 신경절세포에서의 입력 신호를 받아서 매일 빛에 의해 동조된다. 시신경 분지가 시교차상핵으로 투사하여 빛의 신호를 보내고 있는 것이다. 이 메커니즘에는 멜라놉신^{melanopsin}이라는 분자가 관여한다.

8장

왜 잠을 자는 것일까?

다양한 가설을 세우다

"잠은 죽음이라는 자본에 지불해야 하는 이자다.
이자가 높을수록, 정기적으로 지불할수록,
상환 날짜는 더 늦어진다."

–

쇼펜하우어 Arthur Schopenhauer

이제까지 수면을 박탈시키면 어떠한 변화가 일어나는지, 수면 중에는 뇌와 몸의 기능이 어떻게 변화하는지, 그리고 수면과 각성을 전환하는 뇌의 구조와 각성을 유지시키는 뇌의 구조에 대해 살펴보았다. 이러한 것을 근거로 1장의 제목이기도 한 "왜 잠을 자는 것일까?"라는 물음에 대해 나 나름대로의 소견을 말하고 싶다.

먼저 이 책에서 살펴본 '수면의 정체'에 대하여 정리해 보자.

① 수면을 박탈시키면 정상적인 정신 상태의 실조가 나타난다.
② 수면을 박탈시키면 시상하부의 항상성 유지 기능에 이상이 생긴다.

③ 수면은 기억을 강화시킨다.

④ 수면은 반드시 취해야 하지만, 어느 정도의 유연성이 있다.

⑤ 논렘수면과 렘수면은 대뇌피질의 활동 패턴이 크게 다르다.

⑥ 렘수면 시에 대뇌변연계의 활발한 활동이 관찰된다.

⑦ 논렘수면의 깊이와 길이는 이전 각성 시의 뇌 활동의 강도와 길이에 영향을 받는다.

⑧ 각성과 논렘수면, 렘수면은 뇌간의 광범위 투사계에 의해 제어된다.

⑨ 광범위 투사계는 시상하부의 시각교차앞영역의 GABA 작동성 뉴런과 외측 영역의 오렉신 작동성 뉴런에 의해 제어된다.

혼동하기 쉬운 두 가지 궁금점

이상의 정리를 바탕으로 필자 나름의 가설을 이야기해 보겠다.

종종 혼동되는 다음의 두 가지 사항을 생각해 볼 필요가 있다. 수면을 필요로 하는 뇌의 기능과 졸음을 느끼는 메커니즘, 이 두 가지다. 양쪽이 동일할 것이라는 필연성은 전혀 없다. 즉, 정보처리 기구인 대뇌피질이 수면을 필요로 하고 있다고 해도 대뇌피질 자신이 그것을 직접 감지하는 센서일 필요는 없다는 것이다. 예를 들어, 섭식 행동을 제어하는 시상하부의 메커니즘은 온몸의 에너지 과부족을 뇌 안으로 전달하는 메커니즘이 중심이 된다. '에너지 보급'을 필요로 하는 것은 온몸이며, 시상하부가 아니다. 그렇다면, 수면에 대해서도 대뇌피질이 '수면에 의해서 얻을 수 있는 무언가'를 필요로 하고 있다 해도, 그것을 감지하는 것은 대뇌피질 자체가 아니라 다른 부위어도 이상하지 않다는 것이다. 그것이 항상성 유지 기구인 시상하부일지도 모른다.

예를 들면, 아데노신 등의 물질을 뇌 안에 투여하면 졸음이 유발되는데, 이것은 정말로 잠을 필요로 하고 있었기 때문이 아니라 '수면부족'의 지표를 이용해서 뇌를 속이고 있다고 할 수 있다. 그리고 아데노신을 감지하는 것은 시상하부의 일부인 시각교차앞영역이다. 이것은 동물의 섭식 행동에서 신경펩티드 Y라는 물질을 투여하면 배가 불러도 배고픔을 느껴서 마치 걸신들린 듯이 먹는 것과 같다.

즉 '왜 잠을 자는가'라는 궁금증은 '왜 잠을 잘 필요가 있느냐'는 물음인 동시에 '왜 졸음을 느끼는가'라는 질문이기도 하다. 그러나 실은 이 두 가지 질문의 본질이 전혀 다르다. 둘 다 뇌에 관련된 것이기 때문에 사람들이 혼동하기 쉽지만 이 둘은 나누어 생각할 필요가 있다.

또한 논렘수면과 렘수면은 전혀 다른 상태이기 때문에 각각은 확연히 다른 역할이 있을 것이다.

논렘수면에 대한 가설

'왜 잠을 잘 필요가 있느냐'라는 질문을 먼저 생각해 보자. 이것은 '자고 있는 동안에 뇌가 무엇을 하고 있는지, 그리고 그것을 위해 왜 잠을 잘 필요가 있느냐'와 같은 물음일 것이다.

먼저 논렘수면은 어떨까. 논렘수면을 필요로 하는 것은 주로 대뇌피질일 가능성이 높다. 그리고 서파$^{slow\ wave}$(논렘수면 3단계, 4단계에서 볼 수 있다)를 만들어 내고 있는 것도 대뇌피질이다. 따라서 '대뇌피질이 필요로 하고, 논렘수면 동안에만 할 수 있는 작업'은 무엇일지 생각해 보자.

7장에서 언급한 토노니의 주장은 매력적이다. 각성 시에 대뇌피질이 활발히 활동함으로써 대뇌피질의 뉴런 간 시냅스 강도가 전체적으로 올라가는 것이 수면부채이며, 수면 동안 불필요하게 중복되는 시냅스가 제거되고 필요한 시냅스가 남아 뇌 안의 시냅스가 '최적화'되고 뇌 전체의 시냅스 강도가 원래대로 돌아온다는 것이다.

분명히 우리는 일상에서 엄청난 양의 정보를 받아 뇌에 저장하고 있다. 그것은 시냅스 전달 효율의 변화나 시냅스 구축의 변화, 시냅스 형성과 밀접한 관계를 가진다. 시냅스 변화는 분 단위로 우리의 상상보다 훨씬 빠르게 일어나고 있다. 뇌의 저장 용량을 생각해 볼 때, 매일 엄청난 정보가 뇌에 쌓이기만 한다면 분명 정보 재난이 될 것이다.

'기억'이라는 정보에 정리가 필요한 이유는 뇌가 가진 기억의 파일 시스템 특성에 따른다. 우리가 사고를 할 때 연상되는 사항이 차례차례 머릿속에 떠오르는 것을 생각해 보자. 우리의 기억은 여러 가지 항목 사이에서 다양한 유형의 연관성을 바탕으로 파일이 분류되는 것과 같다. 그러나 이 연상이 불합리한 형태로 일어나 버리면 어떻게 될까? 인과관계가 전혀 없는 것을 결부시켜 버리거나, 지리멸렬한 생각에 빠질 수도 있다. 관련 없는 것을 결부시키거나 혹은 관련 있는 사항을 깨닫지 못하는 증상은 일종의 정신 질환의 특성이기도하다.

토노니가 언급한 논렘수면 동안 발생하는 시냅스 강도의 저하는 이러한 불합리한 연상을 감소시켜 건전한 정신을 유지시키는 역할을 다하고 있는지도 모른다. 즉, 뇌는 논렘수면 동안 정보 수집을 중지하여 시냅스의 형성을 피하고 그 상태에서 시냅스의 최적화를 실시하고 있는 것이다.

이러한 가설은 수면이 정신 건강을 유지하고 기억을 강화시키는 것을 설명할 수 있다. 또한 뇌 안의 세포에 쌓인 유해한 노폐물 제거는 최근 글림프 시스템으로 알려진 시스템에 의해 혈관 주위의 공간을 흐르는 뇌척수액으로 이루어지고 있는데, 이것은 주로 논렘수면 중에 일어난다. 논렘수면 중에는 정보의 정리와 함께 정보 처리 환경의 정비도 동시에 이루어져 뇌의 기능을 정상적으로 유지시키는 것이라고 생각된다.

렘수면에 대한 최근의 가설

과연 렘수면의 역할은 무엇일까. 파일 시스템을 정리하는 것으로도 생각된다. 렘수면 시에 대뇌변연계가 활발히 활동하는 것은 기억에 중요도 가중치를 부여하고 있는 것은 아닐까.

대뇌변연계의 감정 시스템은 해당 정보가 얼마나 중요한지를 판단하는 시스템이라고 생각해도 좋다. 렘수면 동안 해마와 편도체를 가동시켜 뭔가를 한다고 하면, 그것은 해당 기억이 어느 정도 중요한 것인지에 대응하는 가중치를 매기고 정리하는 것일 가능성이 있다. 빗댄다면 파일을 계층화하고 색인이나 썸네일을 붙이는 작업을 한다고 말할 수 있다. 그것이 의식에 올라왔을 때 꿈이라는 주관적인 체험이 될 것이다.

렘수면 중에 대뇌변연계가 활성화되고 꿈을 활발하게 꾼다는 점 때문에 이전에는 렘수면이야말로 기억의 고정과 강화에 중요하다고 생각되었다. 그러나 근래에는 논렘수면과 기억의 관계에 관한 중요성을 나타내는 데이터와 연구가 많이 나왔다. 그리고 최근에는 다시 렘수면이 기억에 관계한다는 연구 보고가 발표되고 있다. 뇌라고 하는 정보 처리 시스템이 정보를 정리할 때 렘수면 역시 논렘수면과는 다른 형태로 작용하고 있을 것이다. 그 기능은 기억 자체의 고정보다는 여기에서 언급한 대로 기억에 가중치를 매기거나 쉽게 기억을 인출할 수 있도록 하는 기능일 것이다.

동시에 렘수면 시에는 시상하부의 항상성 기능의 유지, 관리(아마도 설정값 교정)도 일어난다. 자율신경계에 큰 변동이 일어나고 체온 조절 기능이 멈추는 것은 그 때문이다.

졸음이 오는 원인은 무엇일까?

다른 질문을 살펴보자. 졸음을 감지하는 센서나 모니터가 되는 시스템은 무엇일까?

첫번째 질문에 대한 답이 앞서 말한 바와 같다면, 대뇌피질이 시냅스의 최적화 등을 필요로 하는지 여부를 모니터링하는 시스템이 있어야 한다. 그것이 아데노신일지도 모르고 다른 더 교묘한 메커니즘이 있을지도 모른다.

덧붙여, 졸음에 영향을 주는 것은 뇌의 상태뿐만이 아니다. 전신의 피로 상태 또한 영향을 준다. 그 센서가 있는 장소로 가장 가능성이 높은 곳은 시상하부다. 시상하부의 명령이 뇌간의 광범위 투사계를 통해 수면과 각성을 조절한다는 내용을 떠올려 보자. 시상하부는 식욕이나 성욕 등 기본적인 욕구를 담당하는 중추이기도 하다. 그리고 수면 욕구도 기본적인 욕구 중 하나다. '수면 욕구' 중추가 시상하부에 있다는 것은 일리가 있다. 시상하부는 뇌를 포함한 전신의 상태를 모니터하는 장소이기 때문이다.

식욕를 담당하는 두 가지 중추에 섭식중추와 포만중추가 존재하는 것과 유사하게, 수면은 시상하부에서 상반된 기능을 가진 중추에 의해 제어되고 있다. 수면과 각성도 시각교차앞영역의 수면뉴런과 오렉신 작동성 뉴런이라는 두 가지 상반되는 기능이 제어하고 있다. 3장에서는 이를 시소의 형태로 비유했다. 뇌간의 각성 시스템에서 보면 시각교차앞영역의 수면뉴런은 이를 억제하는 제동장치이며, 오렉신 작동성 뉴런은 가속페달이라 할 수 있다. 반대로 오렉신 작동성 뉴런의 활동 저하는 모노아민계의 활동 저하로 이어져서 시소를 수면 쪽으로 기울어지게 한다. 따라서 시각교차앞영역/오렉신 작동성 뉴런이 있는 시상하부 외측 영역이 뇌나 온몸의 상태를 감지하여 졸음이 오게 하는 것으로 의심된다. 즉, 오렉신 작동성 뉴런의 활동을 증가시키는 감정의 발동이나 혈당 저하를 감지하면 졸음을 줄이고, 반대로 혈당이 높아진 것을 감지하면 졸음이 오게 된다. 시각교차앞영역의 수면뉴런을 자극하는 아데노신 등의 물질이 늘어나면 이 역시 졸리게 되는 것이다.

여기서 언급한 것은 '졸음 센서'로서의 기능이며 실제로 졸음을 인지하는 것은 전전두엽에서 주의와 인지에 관여하는 부분일 것이다. 즉, 대뇌 전체의 수면부채는 아마도 어떠한 방법으로든 시상하부에 전달되어 그 정보가 전전두엽을 중심으로 하는 대뇌피질로 되돌아오는 것이다. 4장에서 언급한 기면증 환자는 낮 동안 때때로 강렬한 졸음 때문에 그대로 잠에 빠져 버리는 경우가 많은데, 이 경우에는 결코 수면부채가 쌓여서 졸음을 느끼는 것이 아니라는 것에 주목하고 싶다. 수면을 충분히 취했음에도 불구하고 때때로 강렬한 졸음이 덮쳐 오는 것이다. 기면증은 시상하부에 존재하는 오렉신을 생산하는 뉴런이 사멸하는 것에 의해 일어나는 질환이다. 그리고 오렉신이 주로 제어하는 것은 뇌간에 존재하는 모노아민 작동성 뉴런군이다. 이들 모노아민 작동성 뉴런군은 전전두엽을 포함하는 대뇌에 광범위하게 투사하고 있다.

이상으로부터 모노아민 작동성 뉴런의 일시적인 기능 저하가 주관적인 졸음을 만들어 내고 있다는 생각이 필자의 주장이다.

두 가지 물음은 서로 관계가 없는지도 모른다

이 두가지 물음에 대하여 내 나름대로의 가설을 펼쳐 보았다. 좀 더 극단적으로 말하면 '대뇌피질이 필요로 하는 수면을 취하지 않으면 안 된다는 것'과 '졸음을 감지하는 메커니즘'은 전혀 관계가 없어도 상관없다. 즉, 졸음을 제어하는 시스템이 대뇌피질과는 관계없이 정기적으로 졸음을 오게 하고, 대뇌피질은 그 타이밍을 이용하여 시냅스의 최적화를 수행하는 것에 지나지 않는다는 것이다.

물론 대뇌피질에서 요구하는 수면의 필요도를 적절하게 모니터하는 시스템이 있다면, 그보다 좋은 시스템은 없을 것이다. 그 요구를 전달하는 분자로 아데노신이 1순위

후보이지만, 미지의 요소가 있을지도 모른다.

어쩌면 졸음을 감지하는 시스템은 시상하부를 통해 '주관적인' 졸음을 만들어 내는 동시에 뇌간의 각성 시스템을 억제해서 잠을 만들어 내는 작용을 가지고 있을 가능성도 있다. 이를 통해 동물은 안전을 확보하는 등의 잠을 자기 위한 준비를 하는 것이다. 그리고 일단 잠이 들어 버리면 수면의 필요량 자체는 앞서 언급한 시냅스의 최적화를 수행하기 위한 작업량에 의해 결정된다. 그래서 뇌에서 자주 사용한 부분일수록 깊은 잠이 나타나는 것이다.

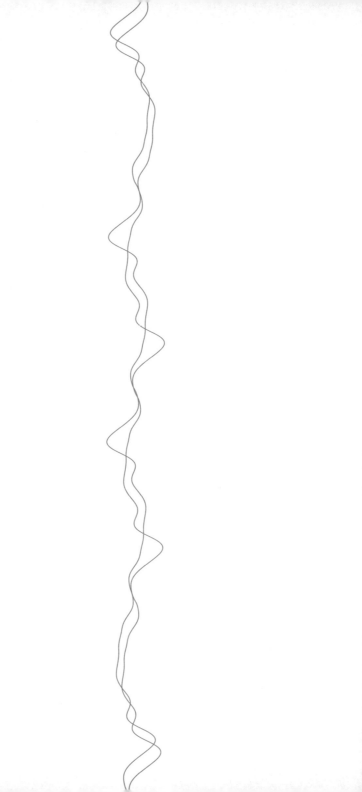

끝맺는 말

프랑스 소설가 마르셀 프루스트Marcel Proust는 그의 작품 『잃어버린 시간을 찾아서』에서 이렇게 말하고 있다. "수면 중에 우리에게 보여지는 것은 유년시절로의 회귀이고, 지나간 세월과 잃어버린 감정의 재파악이자, 영혼의 분리와 전생, 죽은 자의 떠오름, 광기의 환상이며 가장 원시적인 자연계로의 후퇴다."

약간 꿈에서 얻은 직관적인 이미지에 편중된 느낌도 있지만, 기억과 감정에 주목하고 있다는 것은 혜안이라고 해야 할 것이다.

뇌를 성장시키고 효과적으로 쓰기 위하여 중요한 것은 하루하루 끊임없이 자기개발을 위해 노력하고 동시에 좋은 수면을 취하는 것이라고 생각한다. 인간은 고급 정신 활동과 창의력으로 문명을 구축하고 수많은 예술 작품을 남기고 과학을 발전시켜 왔다. 사람은 심신을 단련함으로써 놀랄 만한 기술을 익힐 수도 있다. 이를 가능하게 하는 것은 바로 성장하는 뇌의 기능이다. 인간의 뇌야말로 이 지구상에 존재하는 가장 고도의 구조물이라고 해도 좋다. 이렇게 복잡하고 고도의 기능을 가진 뇌를 유지·관리해야 할 필요가 없을 리가 만무하다. 그러한 유지 및 관리 과정이 바로 수면인 것이다.

예로부터 사람들은 수면과 꿈의 신비에 관심을 갖고 그 불가사의한 현상에 여러 가지 상상을 해 왔다. 그것은 다수의 예술 작품에도 반영되어 왔다. 그러나 유감스럽게도 우리가 살아가는 현대 사람에게는 수면의 중요도가 점점 줄어들고 있다. 이것은 일반 사람들에 한정된 이야기가 아니라 전문가들에게도 해당한다. 예를 들어 현재 의학교육에서는 수면장애의 연구나 강의에 할애하는 시간이 매우 적다. 그리고 무엇보다 수면에 관한 연구에 종사하고 있는 신경과학자, 연구자 수가 너무 적다. 수면에 관련한 기초연구를 하는 연구팀은 (일본에서는) 손에 꼽을 정도밖에 보이지 않고, 세계적으로도 매우 한정되어 있다. 또한 전문가들조차도 수면에 관심이 그다지 없는 것인지, 할당되는 연구비도 부족하다. 수면부족이 사회 곳곳에 상상 이상의 타격을 주고 있는데도 말이다.

수면의 과학에 매력이 없는 것일까. 그 이유는 아닐 것이다. 이 책에서도 언급했듯이 수면은 아직도 신비에 싸여 있는 미지의 세계다. 아직도 다 밝혀지지 않은 수면 메커니즘을 규명해 나가는 것이야말로 과학의 묘미다. 그런 의미에서 수면은 연구자의 관심을 끄는 요소가 넘쳐난다.

'수면'은 뇌의 기능을 유지하기 위한 필수 기능이다. 수면을 연구한다는 것은 뇌의 기능을 연구하는 것과 매우 밀접한 관련이 있다. '반드시 수면을 해야 한다'는 것은 어떤 의미에서는 '뇌의 약점'일지도 모른다. 그리고 그 약점이 뇌라는 시스템 자체의 작동 원리와 깊이 관계하고 있음에 틀림없다. 이러한 점에서 필자는 '수면 중에 뇌가 무엇을 하고 있는지'를 규명할 수 있다면 뇌의 작동 원리에 관한 무언가 중요한 것을 발견할 수 있을 것이라 믿는다.

이 책에서는 수면 이외에도 뇌가 가진 다양한 기능에 관해 '알아보기' 부분에서 소개하였다. 그 내용이 수면을 이야기하는 데 필수적이기 때문이다. 이 때문에 수면이 모든 뇌 기능의 바탕이 되는 근본적인 시스템과 밀접하게 관련되는 것을 알 수 있었다. 반대로 뇌의 기능을 통찰할 때 수면을 고려하지 않는다는 것은 엄청난 힌트를 놓치고 있는 것일지도 모른다.

끝맺는 말

더불어 수면/각성 제어 시스템은 감정, 의식, 주의 등 다양한 시스템을 이해하는 데 도움이 되는 지식이 넘쳐나기 때문에 사람 마음의 메커니즘과 정신 질환의 원인 등을 규명하는 데에도 등불을 밝혀 줄 가능성이 있다. 현대인에게 잠이 가지는 힘과 수면의 중요성 그리고 수면의 흥미로운 점을 이야기하고, 사람에게 수면이 얼마나 중요한 것인지 좀 더 쉽게 이해할 수 있도록 돕는 것이 이 책을 쓰는 데 있어서의 바람이었다.

잠자는 동안 당신의 뇌 안에서 실제 무슨 일이 벌어지고 있는지 아직 명확하게 볼 수는 없다. 하지만 무엇인가 대단한 작업이 이루어지고 있다는 것을 알 수 있는 기회가 되었기를 바란다.

2010년 10월

사쿠라이 다케시

개정신판 끝맺는 말

2010년에 출판한 초판 끝맺는 말에서 나는 '유감스럽게도 우리가 살아가는 현대 사람에게는 수면의 중요도가 점점 줄어들고 있다'라고 썼다. 분명히 당시에는 그런 인상이 강했다. 그러나 그 이후 7년 정도 사이에 사람들이 수면에 관심을 갖는 경향이 매우 커진 것을 느낀다.

연구 영역에서는 빛으로 세포의 활동을 조절하는 광유전학optogenetics 기술, 영상 기술과 유전자 조작 기술이 비약적으로 진보하였다. 이에 따라 그 기술을 도입하여 수면의 역할과 제어 메커니즘에 다가가려고 하는 새로운 연구가 차례로 전개되고 있다. 또한 의료 영역에서는 수면장애와 씨름하여 그에 대한 성과로서 오렉신 수용체 길항제가 상용화되고 불면증 치료약으로 사용되고 있다. 개정신판에는 이러한 내용을 포함시키고 전체적으로 업데이트하였다.

최근 들어 일반 잡지나 신문 등에서 취재 요청을 받는 일이 많아졌다. 이것도 수면에 대한 관심이 늘어났음을 보여 주는 것 같다. 대중매체에서 사람들이 관심을 가지고 읽는 것은 '어떻게 하면 더 나은 수면을 취할 것인가?'라는 주제인 것 같다. 다만 이 책의 '수면을 과학화한다'라는 콘셉트를 그대로 가져가기 위해 수면을 어떻게 취할 것인가에 대한 실용적인 관점은 여타의 다른 서적들에게 양보하는 것으로 개정을 진행하였다.

2017년 7월

사쿠라이 다케시

옮긴이 후기

잠과 꿈은 먼 태고 시대부터 사람들의 관심을 늘 끌어 왔던 소재다. 종교, 예술, 문화에 심심치 않게 등장하며 다양한 견해가 주장되었고 여러 의미로 해석되었다. 이 책은 수면의 생리학적 특성과 메커니즘, 꿈의 원리에 이르기까지 꿈과 수면에 관한 다양한 지식을 소개한다. 인간의 수면 활동은 정신과 신체에 긴밀히 연관되기 때문에 수면의 특성을 잘못 알고 있는 것만으로도 몸에 문제가 발생할 수 있으며 이것이 발전되면 수면장애에 이르게 된다.

옮긴이는 수면장애 및 우울증, 공황장애, 치매 등의 신경정신과 질환을 진료해 왔다. 환자들이 다양한 이유에서 수면을 충분히 취하지 못하는 경우를 봐 왔다. 특히 수면장애는 약물이나 수술보다는 환자의 수면에 대한 지식이나 심리적, 인지적인 측면으로 접근해야 해소되는 경우가 많다. 또한 정상적인 수면을 저해하는 환자만의 특수한 상황을 의사에게 전달하기 힘든 경우도 있기 때문에 환자 스스로 수면의 원리와 특성을 이해한다면 수면장애에서 보다 쉽게 벗어날 수 있을 것이다.

이 책은 다른 수면 관련 서적과 달리 '어떻게 하면 잠을 잘 자는가'에 초점을 맞추기보다 수면 전반에 대한 전문적인 지식과 수면이 어떻게 만들어지는지 그 메커니즘에 초점을 두고 있다. 이 번역서가 수면에 관하여 심도 있는 이해를 원하는 일반인과 수면 관련 전문가들이 참고할 수 있는 도서가 되길 바란다.

장재순

참고 문헌

이 책을 집필하는 데 참고한 원저 논문의 양이 방대하여 모든 문헌을 일일이 참고 논문 목록에 넣는 것은 생략하였다. 하지만 수면에 대해 좀 더 자세히 알고 싶은 독자를 위해 중요한 참고 문헌들을 소개하겠다.

— 윌리엄 C. 디멘트(William C. Dement), 후지이 루미 역, 『사람은 왜 인생의 3분의 1이나 자야하는가?』, 고단샤, 2002
— 미셸주베(Michel Jouvet), 키타하마 쿠니오 역, 『수면과 꿈』, 키노쿠니야서점, 1997
— 이노우에 쇼지로(井上昌次郎)『뇌와 수면(브레인 사이언스 시리즈7)』, 교리츠출판, 1989
— 우라야마 마코토(内山真) 편저, 『수면장애에 대한 대응과 치료지침』, Jiho, 2002
— 이노우에 쇼지로(井上昌次郎), 『수면장애』, 고단샤현대신서, 2000
— 다카하시 키요히사(高橋清久), 『수면학』, Jiho, 2003
— 이노우에 쇼지로(井上昌次郎)·야마모토 이쿠오(山本郁男) 편저, 『수면 메커니즘』, 아사쿠라서점, 1997
— 쿠메 카즈히코(粂和彦), 『시간의 분자생물학』, 고단샤현대신서, 2003
— 쿠메 카즈히코(粂和彦) 감수, 『잠을 둘러싼 생물학』, 세포공학 vol.27, No.5 수윤사, 2008
— 앨런 홉슨(J. Allan Hobson), 후유키 준코 역, 『꿈의 과학』, 고단샤bluebacks, 2003
— 사쿠라이 다케시(櫻井武), 『오렉신의 발견』, 일본약리학잡지 vol.130, No.1 일본약리학회, 2007

또한 다수의 참고 문헌 중에서도 특히 중요한 참고 문
헌들을 각 장의 순서대로 정리하였다.

1장

Walker, M.P., et aL., Practice with sleep makes perfect: sleep-dependent motor skill learning 1. p. 205-1(1):Neuron. 2002.35(1):p. 205-11.

Kang, J.E., et al., Amyloid-beta dynamics are regulated by orexin and the sleep-wake cycle. Science, 2009. 326(5955):p. 1005-7.

Wolk, R. and V.K. Somers, Sleep and the metabolic syndrome. Exp Physiol. 2007. 92(1): p.67-78.

Rechtschaffen, A. and B.M. Bergmann, Sleep deprivation in the rat by the disk-over-water method. Behav Brain Res, 1995. 69(1-2): p. 55-63.

Jenkins, J. and K. Dallenbach, Oblivescence during sleep and waking period. American Journal of Psychology, 1924. 35: p. 605-612.

Walker, M.P., et al., Dissociable stages of human memory consolidation and reconsolidation. Nature, 2003. 425(6958): p. 616-20

Stickgold. R., Sleep-dependent memory consolidation. Nature, 2005. 437(7063): p. 1272-8.

Stickgold, R., Neuroscience: a memory boost while you sleep. Nature, 2006. 444(7119): p. 559-60.

Stickgold, R., et al., Visual discrimination task improvement: A multi-step process occurring during sleep. J Cogn Neurosci, 2000. 12(2): p. 246-54.

Iliff, J.J., et al., A paravascular pathway facilitates CSF flow through the brain parenchyma and the clearance of interstitial solutes, including amyloid ß. Sci Transl Med, 2012. 4(147): p.l 47ralll. doi: 10.l126/scitranslmed.3003748.

Xie, L., et al., Sleep Drives Metabolite Clearance from the Adult Brain.Science, 2013. 342(6156): p.373-7. doi: 10.l126/science.l241224

Hayashi, Y., et al., Cells of a common developmental origin regulate REM/non-REM sleep and wakefulness in mice. Science, 2015. 350(6263): p.957-61. doi: 10.1126/science.aad1023. Epub 2015 Oct 22.

William Dement, Some Must Watch While Some Must Sleep, 1972.

2장

Maquet, P., et al., Experience-dependent changes in cerebral activation during human REM sleep. Nat Neurosci, 2000. 3(8): p. 831-6.

Rechtschaffen, A. and A. Kales, A Manual of Standardized Terminology, Techniques and Scoring System For Sleep Stages of Human Subjects. US Dept of Health, Education, and Welfare; National Institutes of Health. 1968.

Aserinsky, E. and N. Kleitman, Regularly occurring periods of eye motility, and concomitant phenomena, during sleep. Science, 1953. 118(3062): p. 273-4.

Van Der Werf, Y. D., et aL., Sleep benefits subsequent hippocampal functioning. Nat Neurosci. 2009. 12 (2): p. 122-3.

Braun, A. R., et al., Regional cerebral blood flow throughout the sleep-wake cycle. An H2(5)0 PET study. Brain. 1997. 120(Pt 7): p. 1173-97.

Braun A.R., et al., Dissociated pattern of activity in visual cortices and their projections during human rapid eye movement sleep. Science, 1998. 279(5347): p. 91-5.

Dang-Vu, T.T. , et al.. Neuroimaging in sleep medicine. Sleep Med. 2007. 8(4): p. 349-72

Nofzinger, E.A., Neuroimaging of sleep and sleep disorders. Curr Neurol Neurosci Rep, 2006. 6(2): p. 149-55.

Horikawa, T., et al., Neural decoding of visual imagery during sleep. Science, 2013. 340(6132): p.639-42. doi: 10.1126/science.1234330. Epub 2013 Apr 4.

3장
Moruzzi, G. and H.W. Magoun, Brain stem reticular formation and activation of the EEG.

Electroencephalogr Clin Neurophysiol, 1949. 1(4): p. 455-73.

Jouvet, M., F.viichel, and J. Courjon, [EEG study of physiological sleep in the intact, decorticated and chronic mesencephalic cat.] . Rev Neurol (Paris), 1960. 102: p. 309-10.

Jouvet. M., F. Michel, and D. Mounier, [Comparative electroencephalographic analysis of physiological sleep in the cat and in man.J . Rev Neurol (Paris), 1960. 103: p. 189-205.

Saper, C.B., G. Cano, and T. E. Scammell, Homeostatic, circadian, and emotional regulation of sleep. J Comp Neurol. 2005. 493(1): p. 92-8.

Gaus, S.E., et al., Ventrolateral preoptic nucleus contains sleep-active, galaninergic neurons in multiple mammalian species. Neuroscience, 2002.115(1): p. 285-94.

Borbely, A.A., A two process model of sleep regulation. Hum Neurobiol, 1982. 1(3): p. 195-204.

Porkka-Heiskanen, T., et al., Adenosine: a mediator of the sleep-inducing effects of prolonged wakefulness. Science, 1997. 276 (5316): p. 1265-8.

Ueno, R., et al., Prostaglandin D2, a cerebral sleep-inducing substance in rats. Proc Natl Acad Sci U S A, 1983. 80(6): p. 1735-7.

4장

Sakurai, T., et al., Orexins and orexin receptors: a family of hypothalamic neuropeptides and G protein-coupled receptors that regulate feeding behavior. Cell 1998. 92(5): p. 1 page following 696.

Chemelli, R.M., et al., Narcolepsy in orexin knockout mice: molecular genetics of sleep regulation. Cell, 1999. 98(4): p. 437-51.

Lin, L., et al., The sleep disorder canine narcolepsy is caused by a mutation in the hypocretin (orexin) receptor 2 gene. Cell, 1999. 98(3): p. 365-76.

Sakurai, T., The neural circuit of orexin (hypocretin): maintaining sleep and wakefulness. Nat Rev Neurosci 2007. 8(3): p. 171-81.

Peyron, c., et al., A mutation in a case of early onset narcolepsy and a generalized absence of hypocretin peptides in human narcoleptic brains. Nat Med, 2000. 6(9): p. 991-7.

Nishino, S., et al., Hypocretin (orexin) deficiency in human narcolepsy. Lancet, 2000. 355(9197): p. 39-40.

Thannickal, T.c., et al., Reduced number of hypocretin neurons in human narcolepsy. Neuron, 2000.27(3): p. 469-74.

5장

Dunnett, S.B., B.J. Everitt, and T. W. Robbins, The basal forebrain-cortical cholinergic system: interpreting the functional consequences of excitotoxic lesions. Trends Neurosci, 1991. 14(11):

p.494-501.

Sakurai, T., et al., Input of orexin/hypocretin neurons revealed by a genetically encoded tracer in mice. Neuron, 2005. 46(2): p. 297-308.

Sakurai, T., M. Mieda, and N. Tsujino, The orexin system: roles in sleep/wake regulation. Ann N Y Acad Sci, 2010. 1200: p. 149-61.

Brisbare-Roch, c., et al., Promotion of sleep by targeting the orexin system in rats, dogs and humans. Nat Med, 2007. 13(2): p. 150-5.

Hara, J., et al., Genetic ablation of orexin neurons in mice results in narcolepsy, hypophagia, and obesity. Neuron. 2003. 30(2): p. 345-54.

Yamanaka, A., et al., Hypothalamic orexin neurons regulate arousal according to energy balance in mice, Neuron, 2003. 38(5):p. 701-13.

Estabrooke, I. V., et al., Fos expression in orexin neurons varies with behavioral state. J Neurosci. 2001. 21(5): p. 1656-62.

Lee, M.G., O.K. Hassani, and B.E. Jones, Discharge of identified orexin/hypocretin neurons across the sleep-waking cycle. J Neurosci, 2005. 25(28): p. 6716-20.

Oomura, Y., et al., Glucose inhibition of the glucose-sensitive neurone in the rat lateral hypothalamus. Nature, 1974. 247(439): p. 284-6.

Oomura, Y., et al., Reciprocal Activities of the Ventromedial and Lateral Hypothalamic Areas of Cats. Science, 1964. 143: p. 484-5.

6장

Mieda, M., et al., Orexin neurons function in an efferent pathway of a food-entrainable circadian oscillator in eliciting foodanticipatory activity and wakefulness. J Neurosci, 2004. 24(46): p. 10493-501.

Neubauer, D.N., Almorexant, a dual orexin receptor antagonist for the treatment of insomnia. Curr Opin Investig Drugs, 2010. 11(1): p. 101-10.

Adamantidis, A.R., et al., Neural substrates of awakening probed with optogenetic control of hypocretin neurons. Nature, 2007. 450(7168): p. 420-4.

Born, J., et al., Timing the end of nocturnal sleep. Nature, 1999. 397(6714): p. 29-30.

Huang, Z.L., et al., Adenosine A2A, but not Al, receptors mediate the arousal effect of caffeine. Nat Neurosci, 2005. 8(7): p. 858-9.

Fuller, P.M., J. Lu, and C.B. Saper, Differential rescue of light- and food-entrainable circadian rhythms. Science, 2008. 320(5879): p. 1074-7.

McCarley, R. W. and J.A. Hobson, Neuronal excitability modulation over the sleep cycle: a structural and mathematical model. Science, 1975. 189(4196): p. 58-60.

McCarley RW, Hoffman E (1981) REM sleep dreams and the activation-synthesis hypothesis. Am J Psychiatry 138: 904-912.

Toh, K.L., et al., An hPer2 phosphorylation site mutation in familial advanced sleep phase syndrome. Science, 2001. 291(5506): p.1040-3.

Ebisawa, T., et al., Association of structural polymorphisms in the human period3 gene with delayed sleep phase syndrome. EMBO Rep, 2001. 2(4): p. 342-6.

Hobson JA (1992) Sleep and dreaming: induction and mediation of REM sleep by cholinergic mechanisms. Curr Opin Neurobiol 2:

참고 문헌

759-763.

Hobson JA (2009) REM sleep and dreaming: towards a theory of protoconsciousness. Nat Rev Neurosci 10: 803-813.

Irukayama-Tomobe, Y., et al., Nonpeptide orexin type-2 receptor agonist ameliorates narcolepsy-cataplexy symptoms in mouse models. Proc Natl Acad Sci U S A, 2017. 114(22): p.5731-6. doi: 10.1073/pnas.1700499114.

7장

Tononi, G., Slow wave homeostasis and synaptic plasticity. J Clin Sleep Med, 2009. 5(2 SuppJ): p. S16-9.

찾아보기

찾아보기